萌宠团队之喵星人健康攻略

主编 龚国华 赵洪进

上海科技教育出版社

图书在版编目（CIP）数据

萌宠团队之喵星人健康攻略 / 龚国华,赵洪进主编 . —上海：上海科技教育出版社,2023.9
ISBN 978-7-5428-7994-3

Ⅰ.①萌… Ⅱ.①龚… ②赵… Ⅲ.①猫—驯养 Ⅳ.①S829.3

中国国家版本馆CIP数据核字（2023）第125653号

责任编辑　蔡　婷　姜国玉
装帧设计　杨　静

萌宠团队之喵星人健康攻略

主编　龚国华　赵洪进

出版发行　上海科技教育出版社有限公司
　　　　　（上海市闵行区号景路159弄A座8楼　邮政编码201101）
网　　址　www.sste.com　www.ewen.co
经　　销　各地新华书店
印　　刷　上海盛通时代印刷有限公司
开　　本　720 × 1000　1/16
印　　张　10.75
版　　次　2023年9月第1版
印　　次　2023年9月第1次印刷
书　　号　ISBN 978-7-5428-7994-3/N·1196
定　　价　78.00元

编写者名单

主　编

龚国华　赵洪进

副主编

张树良　夏炉明　沈　悦

编　者

李增强　朱晓英　陈伟锋　常晓静　陈　波
邵苣宇　陈　琦　孔　郑　刘　健　曹佳慧

绘图者

袁梓涵

前　言

　　随着我国国民经济的快速发展和生活水平的不断提高，人们在享受物质生活的同时，也需要情感寄托，以及生活的陪伴和帮助，于是许多人选择饲养宠物。针对当前越来越多的人们加入爱宠、养宠队伍中，人们有必要了解科学饲养宠物、正确护理宠物、识别和预防宠物疾病和人兽共患病等相关科普知识，以期营造科学、文明、和谐、健康的养宠社会氛围。为此，上海市动物疫病预防控制中心组织宠物疾病、人兽共患病防控和兽医公共卫生等方面专家，从2020年5月起，在《东方城乡报》开设"宠物饲养与市民健康"专栏，宣传如何科学饲养各类宠物和人兽共患病防控等科普内容，受到广大读者的欢迎。为进一步满足更多读者需要，编写组汇集专栏内容，根据目前养宠人的需求，整理编写了萌宠团队系列丛书。

　　本书内容分为四个部分：第一部分喵星人的自我介绍，主要介绍猫咪与人的关系、常见猫咪品种和生活习性、如何拥有猫咪和饲养前要做的准备；第二部分喵星人的日常养生，主要介绍拥有猫咪后如何科学饲养和健康护理的基本常识；

第三部分喵星人和主人抵抗疾病，列出了日常饲养中猫咪常见疾病的防治要点和共同生活中人兽共患病的预防措施，以保障猫咪和主人的健康以及社会公共卫生安全；第四部分喵星人在农村或城市，从依法养宠、文明养宠的角度分别对城市家养猫咪、农村散养猫咪和居民小区流浪猫遇到的各类常见问题提供科学、权威的解释和解决办法。

编写中力求全面、简明扼要、通俗易懂，采用提出问题进行解答，并结合形象、生动的卡通插图的方式，旨在提高读者阅读的兴趣，帮助其更好地理解科普内容。

全书图文并茂，融科学性、知识性、实用性、权威性于一体，叙述方式灵动、活泼，贴近读者视角，兼具理性和感性，内容丰富全面，可供宠物爱好者、爱猫者和养猫人查阅参考。

由于编者水平有限，编写时间仓促，书中肯定有错误和不当之处，敬请读者批评指正。

编　者

目 录

第一部分　喵星人的自我介绍

第二部分　喵星人的日常养生

喵星人的保养秘方

喵星人的健康生活

第三部分　喵星人和主人抵抗疾病

喵星人症状解析

常见喵星人疾病

第四部分 喵星人在农村或城市

城市的"治愈喵"

农村的"村霸喵"

第一部分

喵星人的自我介绍

喵星人的由来

1. 猫咪是从哪里来的

尊敬的月亮猫神啊，我向您祈求家庭幸福美满。

早在公元前2890年左右，古埃及人便开始崇拜猫神。猫神代表了月亮，是家庭的守护神，象征着家庭的温暖和喜乐。在古埃及的文化中，母猫一般代表月亮，大多为温柔善良的女神；而公猫则象征着太阳，被视作太阳神的化身。

公元前500年，猫开始随着人类商贸及迁移活动，从埃及和中东两河流域向周边区域覆盖。最初，猫被商队带到了古罗马，随着古罗马的不断扩张，人类贸易及宗教活动的日益频繁，猫的身影也出现在亚洲和欧洲地区。

我国对于猫最早的记载是在西汉时期，猫作为家畜常用于捕鼠。在我国古代，猫除了抓老鼠外，还作为达官贵族、文人骚客的宠物。盛唐时期，猫通过遣唐使漂洋过海去了日本。到了明清时期，养猫之风日盛，猫不再是权贵们的专享宠物，家家户户都会养猫。现在，猫咪作为伴侣动物，越来越受人们的追捧，特别是年轻人，养猫、吸猫，以及去猫咖馆撸猫已成为爱猫人士的日常生活，现在还出现"云吸猫"文化、猫咪经济等。

2 我国本土猫咪简介

神秘的东方，有一群"咪咪"等待着主人的召唤。

我国民间饲养的家猫多为杂种猫，绝大多数的猫咪属于短毛品种。我国猫咪的品种主要有中国大白猫、黑白花猫、黑猫、四川简州猫、橘猫、狸花猫、临清狮猫、三花猫、中国虎斑猫等。

（1）中国大白猫　中国大白猫原产于山东。全国各地都有人饲养，深得爱猫人士的喜爱。大白猫分为长毛猫和短毛猫两种，外观与波斯猫相近，但两者其实是完全不同的品种。长毛大白猫身体的毛发厚实浓密，而且较长，在冬季可以有效地抵御寒冷，需要每天清洁整理；短毛大白猫毛发稍短，相比长毛大白猫更容易打理，也要每天清洁整理。

（2）黑白花猫　黑白花猫又名奶牛猫，性格比较温顺，饲养简单，由于花色跟黑猫警长相似，还被称为"警长猫"。它跟其他的双色猫相同，猫斑纹图案对称，色泽鲜亮，没有任何零散的白毛，幼猫的毛发能够看到铁锈色。颈部周边能够见到白领圈毛的奶牛猫是最好的。

（3）黑猫　黑猫也称玄猫，全身黑色的毛发，擅长隐藏在黑夜中，像个乱窜的小煤球，一不小心可能就会被它吓到或者踩到它。

（4）四川简州猫　四川简州猫花色各异，毛色混杂，它们的脑袋上有4个神奇的耳朵。除此以外，它们的性格也很温顺、可爱。四川简州猫是猫界"武林高手"，体形大，动作敏捷，在明朝和清朝用作皇家贡品。

（5）橘猫　体毛毛色表现为橘色的猫咪都叫橘猫，它们总是一副懒洋洋的样子，不过很

亲人，跟所有宠物和人都能处得来。橘猫的灵魂特别奔放，它们的时间很少用来鄙视人类或思考猫生，目标是做只快乐的"废猫"。

（6）狸花猫　我国是狸花猫的原产地，它属于自然猫，肌肉发达，是精悍的小型猛兽，也是抓老鼠的一把好手。狸花猫身上有独特的花纹，在国外也深受欢迎。它性格独立、生存能力强，能较快地适应新环境。

（7）临清狮猫　临清狮猫拥有白色长毛、巨尾，俗称狮子猫，起源于山东临清，为多年以前原种波斯猫和本地中华田园猫杂交而成。临清狮猫性情温顺，有一双漂亮的鸳鸯眼，长毛且柔软，头大眼圆，是喵界的"白富美"。

（8）三花猫　三花猫是体毛有黑、橘、白三种颜色的猫，又称为三色猫。它们的毛色分布很随机，世界上没有完全相似的两只三花猫。

（9）中国虎斑猫　中国虎斑猫具有黄棕色的底色，夹有纯黑色的斑纹图案。猫咪头部圆润，两耳间距较近，眼睛大而明亮、呈圆杏核状。颈略短，肌肉发达，毛短而厚、质地生硬。个性独立、活泼、机警，捕鼠能力强。

3. 猫咪为啥能治愈人类

圆圆的脑袋，圆圆的眼睛，肉肉的爪子……

　　猫咪能够帮助人们缓解焦虑，减轻各种压力。人们在抚摸猫咪或和猫咪互动的过程中，身体会分泌多巴胺，使人变得开心、兴奋、舒坦。研究表明，养猫有益人们的心脏健康，可降低心血管疾病发病风险。养猫之后，心脏病或中风的发病率下降，发病后的死亡率明显降低。

　　人在紧张时，和猫咪在一起可以变得放松，心情变得平和。人在抑郁时，可以跟猫咪倾诉心事，人会变得开朗。心理医生建议抑郁患者养猫，以改善心情，促进身心健康。人们平时在撸猫的过程中，血压与脉搏会明显趋于平稳，从而可以很好地缓解焦虑的情绪。

　　养猫还能培养责任感，增加主人的社交活动。养猫可以使主人养成爱卫生、爱劳动的习惯，养了猫咪之后，每天扫地、拖地是家常便饭。如果家里有孩子，在日常生活中，孩子会参与照顾猫咪，从小养成有爱心、乐于助人、热爱劳动的好习惯。

4. 古代"铲屎官"养猫流程

每天都是"纳猫吉日"。

"铲屎官"这一职务自古就有，从西汉开始，我国就有非常明确的关于猫和养猫的记载。在宋朝养猫甚至成为一种潮流。据记载，古代想要拥有一只猫，首先要翻一翻《象吉备要通书》，类似养猫专用的老黄历。古人需要在这本书中挑个"纳猫吉日"，然后画一张纳猫契，目的是和猫缔结契约，请天上的西王母、东王公来做个见证。纳猫契类似于婚书，内容有纳猫日期、猫的外貌及纳猫人对猫的要求，如要好好抓老鼠、不能到处乱跑等条件。准备好了纳猫契，开始聘猫，古人养猫和娶媳妇一样，需要提前下聘礼，做完这些前期工作，才能顺利带着猫回家。

由于古人发现猫有领地意识，因此，在接纳猫时，就会向原主人家讨要一根筷子，放在装猫的容器里一块带回家；到家后，新主人会带着猫一起拜拜家里的灶神，寓意猫是这个家的新成员，然后将筷子插在土堆上。这个土堆以后就是猫的天然猫砂盆，可见古人已有养猫用猫砂的方法。

5.养猫的名人趣事

没有人能抵抗猫咪的魔力。

（1）海明威与猫咪　20世纪伟大的作家海明威就是一个疯狂的爱猫人士。虽然海明威爱猫咪和他那副粗犷的外表有点格格不入，但意外地成就了他的侠骨柔情。海明威最著名的小说《战地钟声》就是在家中猫咪的陪伴下完成的，他家里猫咪曾多达34只。很多时候，海明威独自一人创作，都会让猫咪陪伴在他身旁，甚至很多写作灵感都来自身边的猫咪。

（2）冰心与猫咪　作家冰心的爱猫是一只白色的大猫，名字叫"咪咪"。咪咪的毛很长，但不是纯白的，冰心老人为拥有此猫而感到特别自豪，逢人便夸耀说："咪咪是上了猫谱的。"每当冰心老人伏案写作时，咪咪必在桌面上"就座"，即使有陌生人在场，它也不跑不躲，仍大模大样地端坐在那儿，瞪着一双黄色的大圆眼，一副威风凛凛的样子。

咪咪还有一个爱好——喜欢照相。冰心老人家里经常有国内外的客人和记者来访，合影留念是必不可少的。每当要拍照时，冰心老人一定要把猫咪也带上，久而久之，咪咪不仅适应了照相，还爱上了照相，甚至学会抢镜头。不管它当时在什么地方，只要听见摆弄照相机的动静，咪咪必飞快地从那个地方蹿出来，蹦到桌子上，端坐在自己固定的位置上，并摆好一副主人的姿势让人拍照。在冰心老人留下的珍贵照片中，有很多合影都是带有猫咪的。

（3）丘吉尔与猫咪　英国前首相温斯顿·丘吉尔也是一名资深猫奴，

当时人们这样形容他：丘吉尔先生非常爱猫，甚至到了见到猫咪就走不动路的地步。丘吉尔会带着猫咪出席各种重要活动。他晚年有个习惯，就是必须和猫咪一起吃饭，如果饭点到了猫咪不在，就让人把猫咪找回来，然后再开饭。

（4）林肯与猫咪　美国第十六任总统亚伯拉罕·林肯，也是一名不折不扣的猫奴。在林肯当选美国总统后，他在白宫中养了2只猫，经常和猫咪一起吃饭，即使有客人，他也会用叉子给自己的猫咪喂饭，妻子觉得这样很不礼貌，但是林肯说，猫咪和人一样，同样应该受到尊重。这件事足以说明林肯的爱猫程度之深。

（5）季羡林与猫咪　我国著名文学家、国学家，北京大学终身教授季羡林先生也是爱猫至极。他在北京大学遛猫的画面曾经是北大校园内最温馨、最独特的一道风景线。

季羡林先生在《老猫》这篇文章里写道："我从小就喜爱小动物。同小动物在一起，别有一番滋味。它们天真无邪，率性而行；有吃抢吃，有喝抢喝；不会说谎，不会推诿，受到惩罚，忍痛挨打；一转眼间照偷不误。同它们在一起，我心里感到怡然，坦然，安然，欣然，不像同人在一起那样，应对进退、谨小慎微，斟酌词句、保持距离，感到异常的别扭。"这大概也是很多人喜欢养小动物的其中一个原因吧。季羡林先生后来养猫的数量越来越多，最多的时候达到8只，而猫咪也成了他最特别的家人。

拥有一只喵星人

1. 养"喵"不简单

我以为是我养了猫，其实是它治愈了我。

如果想养猫，需要具备以下7个基本条件，否则是不适合养猫的。

（1）具备安静性格 安静、独立性格的人适合养猫。因为猫咪喜欢安静和独处。猫咪给人的形象是安静、乖巧，每天大多数时间在睡觉中度过；睡醒后，猫咪吃东西、喝水，跳到窗台上看外面的风景或发呆。如果你刚好也是一个喜欢安静、喜欢宅在家里独处的人，养一只猫咪陪在身边更合适。

（2）家里没有怕猫的人 想要养一只猫咪，一定要和家人商量，要是家里有怕猫的人，建议还是不要养猫。不过，如果是一个人生活，就不需要考虑这个问题。

（3）有时间照顾 养猫需要有时间照顾它。要是工作比较忙，而且每天都是早出晚归，建议不要养猫。因为猫咪需要主人陪伴，长期缺乏主人陪伴可能会让它暴躁、抑郁。

（4）不怕家里太乱 猫咪特别喜欢纸箱，养猫后家里可能会堆放很多纸箱之类的东西。猫咪会到处乱抓、乱咬东西。还有一些猫咪脱毛比较严重，家里到处有猫咪的毛发。

（5）能忍受猫咪的欺负 猫咪性格也分黏人和暴躁两种，所以在养之前一定要准备好被猫咪欺负，养猫者身上有伤痕是很正常的现象，相信

不少主人都体会过吧。如果忍受不了这点，还是不要养猫。

（6）有爱心、耐心　养猫必须要有足够的爱心、耐心，才能一直和猫咪相处，对猫咪终生负责。如果是一时好奇，不建议养猫，要做一个有责任心的猫咪主人。

（7）有一定的经济条件　养猫要对它负责，猫咪的日常饲养和用品、护理和免疫保健、生病后的医疗费用等，都是很费钱的。养猫要有一定的经济条件，才能承担和保障猫咪的生活。

2. 细数世界常见猫咪品种

世界猫咪千千万，我最爱我家那只"猪咪"。

随着喜爱猫咪人数的增多，国外的各种猫咪品种也进入不同人的家庭中。目前，家庭中饲养猫咪常见的品种有英国短毛猫、美国短毛猫、暹罗猫、狸花猫、俄罗斯蓝猫、加菲猫、东方短毛猫、布偶猫、金吉拉猫、缅因猫、西伯利亚森林猫、挪威森林猫、狮子猫、塞尔凯克猫、德文卷毛猫、斯芬克斯猫、苏格兰折耳猫、埃及猫等。

（1）英国短毛猫　此类猫咪主要有蓝猫、银渐层、金渐层、银点、金点、蓝金等品种。英国短毛猫身材圆润，拥有大脸庞，眼睛炯炯有神，长得十分可爱。很多人都会被可爱的英国短毛猫吸引，将它带回家饲养。如果你喜欢安静的猫咪，那么英国短毛猫就特别适合。英国短毛猫性格温顺、喜欢安静，适应能力比较强，很容易接受新事物、适应新环境。

（2）美国短毛猫　目前饲养常见品种有起司猫和标斑猫。美国短毛猫性格温和、稳定，有耐心，和蔼可亲，没有脾气，易亲近人，非常适合有小孩的家庭。此类猫咪疾病抵抗力较强，不易生病。大多数美国短毛猫智商也是比较高的，相对容易被驯服，可以训练它们坐下、握手、击掌等动作。

（3）暹罗猫　泰国短毛品种猫，具有圆圆的面颊，被毛短，毛色浅，面、耳、脚趾部和尾部等处为蓝色或黑色，眼睛呈蓝色。暹罗猫能够较好地适应各地气候，性格刚烈、好动，好奇心特强，善解人意。暹罗猫聪明，叫声独特，声音很大。暹罗猫喜欢与人为伴，需要不断爱抚和关心。对主人忠心且感情深厚，如果强制与主人分开，可能会抑郁而死。

（4）狸花猫　是一种体格健壮的大型猫咪，长有美丽的斑纹被毛。虽然感情不太外露，但是忠实友好的宠物。狸花猫以聪明的捕猎技巧而著称，需要较大的运动空间，所以不适合小公寓的圈养生活。

（5）俄罗斯蓝猫　原产于俄罗斯，是来源于俄罗斯寒冷地带的猫咪品种。俄罗斯蓝猫体形细长，有着大而直立的尖耳朵，脚掌小而圆，走路时像用脚尖在走。身上披着银蓝色光泽的短被毛，配上修长苗条的体形和轻盈的步态，尽显猫咪中的贵族风度。

（6）加菲猫　属于波斯猫的一个分支品种猫。它是由美国短毛猫和波斯猫交配繁殖而来的新品种，至今还保留着波斯猫的很多特征，性格也如波斯猫般文静、

亲切。它能慰藉主人的心灵，体形为中型到大型的短脚型猫咪，头部宽而圆，鼻子有明显的凹陷，被毛有柔和的光泽，性格独立，不爱吵闹。加菲猫毛色品种很多，猫咪中所有的毛色几乎都有。

（7）东方短毛猫　活泼好动，好奇心强，喜欢攀高跳远，与人嬉戏，对主人忠心耿耿。性格勇敢大胆，对噪声或其他周边响动不会过度敏感和害怕。喜欢撒娇，性格稳定，但嫉妒心强，如果受到主人冷落，它不但会吃醋，有时还会发脾气表示抗议。

（8）布偶猫　性格较为懒散、友善，叫声轻柔，感情丰富，容易与人亲近，对人非常友善。它非常聪明，性情温顺，喜爱交际，也能和其他猫友好相处。布偶猫全身特别松弛、柔软，忍耐性强。

（9）金吉拉猫　原产于英国，是波斯猫经过人为培育而成的新品种。金吉拉猫四肢较短，体态比波斯猫稍娇小，但显得更灵巧。眼大而圆，眼珠的颜色以祖母绿、蓝绿或黄绿为主。全身有浓密而有光泽的毛，且毛量丰富，尾短而蓬松，类似松鼠的尾巴，非常迷人。金吉拉猫身体强健矫捷，喜欢安静，性格温顺，自尊心强。

（10）缅因猫　性格温顺，能与人和其他动物友好相处，是非常好的伴侣猫咪。但是，缅因猫有两大缺点：一是太能吃，排泄量也很大；二是毛发太多，每天需要花费大量时间给它梳理毛发。给缅因猫清理掉毛和洗澡要消耗主人很多精力。缅因猫很少单独进食，它们跟主人一起进食会更有食欲。

（11）西伯利亚森林猫　属俄罗斯国猫，

因为生活在寒冷的地方，所以全身上下都被长长的被毛所覆盖，连颈部周围都有一圈厚厚的毛领子。它们外层护毛质硬、光滑，且呈油性，底层绒毛浓密厚实，体形巨大，属于大型猫咪品种之一。

（12）挪威森林猫　外观与缅因猫相似。挪威森林猫体大肢壮，奔跑速度极快，不怕日晒雨淋，行走时颈毛和尾毛飘逸，非常美丽。挪威森林猫性格内向，独立性强，聪颖敏捷，机灵警觉，行动谨慎，喜欢冒险和活动，且能抓善捕，善爬树攀岩，有"能干的狩猎者"之美誉。因而它不适宜长期饲养在室内，最好饲养在有庭院和环境比较宽敞的家庭。

（13）狮子猫　又称临清狮子猫，主要产于山东省临清市，是由蓝眼睛的波斯猫与黄眼睛的鲁西本地狸猫杂交繁育出来的变异品种。毛色有黑白相间、纯白，以纯白毛色为贵。狮子猫身体强壮、抗病力强、耐寒冷、善于捕鼠，性格温婉，不喜欢陌生人，对主人有较强的依赖性。

（14）德文卷毛猫　是继 1950 年在英国柯尼斯郡发现的柯尼斯猫后的又一卷毛猫。德文卷毛猫的智商较高，能适应乘车旅行，可居住在汽车房子或单元房间里。德文卷毛猫易于打理，洗澡后只要用毛巾轻抹或在太阳下晒干即可。德文卷毛猫的被毛近似贵宾犬，既便于梳理，又不易因掉毛而引起主人的过敏反应。无论对老年人还是孩子来说，都不失为理想的宠物。

（15）斯芬克斯猫　也称加拿大无毛猫，经过近交选育，特意为对猫毛过敏的爱猫人士培育的品种。这种猫是自然的基因突变产生的宠物猫，除了在耳、口、鼻、尾前段、脚等部位有些又薄又软的胎毛外，其他部分均无毛，皮肤多皱、有弹性。斯芬克斯猫性情温顺，独立性强，无攻击性，能与其他猫狗相处。

（16）其他品种　苏格兰折耳猫能适应各种环境的家庭生活。埃及猫皮肤和毛色上都有像豹的斑纹，体形适中，肌肉发达。还有喜马拉雅猫、日本猫等。

3.猫咪的生活习性指导

要多学学猫咪，保持冷漠，适度撒娇，几乎不动心。

（1）生性孤独，有嫉妒心　猫咪可能是世界上嫉妒心最强的动物，它不允许主人把爱转移到别的地方。如果主人在养一只猫的基础上再抱养另一只猫，也许会引发猫咪大战，它们之间会因独占主人的爱心而互相争斗，甚至互相咬伤。猫咪不但会对同类产生嫉妒心，有时主人对孩子过于亲密时，猫咪也会感到愤愤不平。猫咪喜欢孤独而自由自在的活动，除了发情交配外，很少三五成群地栖息在一起。

（2）以肉食为主的杂食习性　猫咪是肉食性动物，每天必须供应充足的蛋白质。如果猫粮里面的蛋白质含量太低，长期食用会导致猫咪出现肝脏疾病、肾脏疾病、胃肠道疾病、胰腺疾病等。可以选择品牌可靠、营养均衡、质量有保证的猫粮。

（3）喜欢清洁、爱干净　猫咪是爱干净的动物，会给自己不定时地清洁，即使很久不洗澡，也能让毛发看起来很柔顺。它们清洁的方式就是舔毛，把毛发上的灰尘都舔掉，把废毛舔下来，还会用爪子给自己洗脸。

（4）生活作息有规律　猫咪喜欢在固定时间醒来，舔毛、吃饭、玩耍、睡觉。它们会非常聪明地观察主人的生活规律，并且据此调整自己的作息时间。猫咪不能理解主人不断变化的态度和行动，也不喜欢所在的生活环境有太多的改变。如果主人丢掉它用了很久的破旧猫抓板，猫咪会生气。

（5）具有领地意识　猫咪喜欢待在自己熟悉的环境中，觉得这样没有任何危险，没有外来动物的侵入，会觉得安心。猫科动物的领地意识是与生俱来的，捍卫领地是为了保证自己的生存和繁衍。

（6）爱睡觉　猫咪每天有 16 小时以上都在睡觉。每只猫咪都有自己喜欢的睡觉地点，不同时段它们可能待在不同地方打盹儿，有些猫咪喜欢睡在高处，有些猫咪喜欢晒着太阳，有些猫咪喜欢蜷缩在角落，有些猫咪喜欢四仰八叉地躺在地上。

4 猫咪的寿命有多长

人类对于喜爱的伙伴，总是希望永久陪伴。

流浪猫与家猫的寿命不同。因为流浪猫野外的生活环境比较恶劣，所以平均寿命只有 5 岁左右。家猫因为主人照顾得比较好，而且有好的医疗条件，寿命会比较长，平均寿命可以达到 12~15 岁，甚至活到 20 岁以上。体形大的猫咪寿命短，体形小的寿命相对长些。早期做过绝育手术的公猫和母猫寿命也会更长些。

主人可以根据牙齿的磨损程度大概判断它们的年龄，也可通过毛发、眼睛、体重等来推算。牙齿方面，主要是从磨损程度、颜色、外观和数量来进行综合判断。当猫咪的下颌门牙有磨损，是 1 岁左右；猫咪的部分牙变黄，是 2 岁左右；当猫咪的犬齿磨损，大约是 5 岁；7 岁后猫咪的下颌门牙已经磨成圆形；10 岁以上的猫咪，它的上颌门牙已经磨成圆形。

猫咪出生 2 周左右开始长牙；4 月龄左右有 26 颗牙齿；5 月龄左右开始换牙；6 月龄以上会长出 4 颗白齿。此时猫咪拥有 30 颗牙齿。

从猫咪的毛发上看，1 岁左右的猫咪，毛发发亮，光滑柔软；5 岁左右的猫咪，毛发开始暗淡；7 岁的猫咪嘴边的毛开始变白；10 岁左右的猫咪，毛发变得灰暗，没有光泽，易打结，而且后背开始出现白色的毛发；猫咪在 12~14 岁，毛发开始褪色，面部及体表白色毛发数量增加。

5. 养猫前要准备什么

养猫和恋爱一样，不能只靠一颗爱心。

（1）准备住所　需要给猫咪准备固定的住所。猫咪在新的环境需要一段适应期，不能频繁更换住所。如果处于高楼层，需要记得封窗，以防幼猫跌落。

（2）采购物品　准备猫粮，开始饲养猫咪时，最好吃前主人使用的同种猫粮，等猫咪适应了新环境再更换猫粮种类。采购猫碗，1个水碗和1个食碗，建议每天清洁，也可以买猫饮水机，猫咪比较喜欢喝流动的水。购置猫砂盆、猫砂、猫砂铲，由于猫咪长得比较快，可以直接用大号的猫砂盆，每天早晨和晚上各打扫猫砂盆1次。准备猫梳、除毛刷，猫咪在生长期，需要每天用猫梳把浮毛梳掉，这样有利于保持卫生，主人也可以和幼猫培养感情。家里的家具、沙发、地毯上的猫毛可以用除毛的刷子去除。准备逗猫棒、激光逗猫笔，猫咪对这两样东西比较感兴趣，可以用来和猫咪互动，培养感情。猫包需配好，带猫咪外出的时候需要用到。

（3）免疫就医　幼猫最好在进入家庭之前做体检，了解幼猫免疫的时间和驱虫的安排，咨询掌握饲养要点和注意事项。如果猫咪有异常，也可以直接打电话联系兽医。

6. 选购可爱幼猫要谨记

我以为是我选择了猫，其实是猫选择了我。

领养猫咪途径

幼猫这么可爱，要去哪里领养一只呢？

（1）选择信誉度好的猫舍　正规猫舍的猫咪一般品质好、体质好、性格好，猫舍售后服务好。一般出售前需接种疫苗，目前主要接种猫三联疫苗，用于预防猫传染病。正规猫舍买的猫，病猫概率很低，毕竟猫舍里面有很多幼猫，传染病防控和消毒相对规范。

（2）选择家庭繁育猫　是指家中自养的宠物猫，意外怀孕或者经配种繁育的幼猫。优点是价格比较便宜，能够看到猫妈或猫爸，便于选择，并且健康方面也有一定保障。缺点是几乎没有售后服务，也要识别有一些猫贩的猫会冒充家庭繁育猫。

（3）选择平台领养　领养猫咪，以领养代替购买。给流浪猫一个归属和家，同时避免了流浪猫的再次流浪。领养猫咪前，一定要先和猫咪互动，看看有没有眼缘。如果猫咪表现得很喜欢你，那就赶快把它领回家吧。

（4）网上购买　不建议网上购买猫咪。虽然网上价格很便宜，但质量是没有保证的，发现问题无法找到出售商家。很多人在网上可能购买到生病猫或有传染病的猫咪。

无论选择在什么地方购买猫咪，都应仔细识别，购买猫咪或领养最好请专业人员帮忙参谋，不要一时冲动，只看外表而选了病猫。

选购幼猫注意事项

（1）确定品种　不同的品种，有不同的特点，根据自己的喜好、饲养的目的和家庭饲养条件综合考虑，选择合适的品种。

（2）了解性格　虽然同一个品种的猫咪有性格上的共性，但具体到每只幼猫，个性变化很大。有的猫咪喜欢跟人亲昵，互动很好，而有的猫咪则是"我的地盘我做主"的高冷性格。

（3）了解年龄　幼猫的学习期在2~5月龄，年龄小一点的猫咪更容易学习和适应新的环境。但幼猫饲养难度相对较大，年龄稍大的猫咪，饲养起来更容易。

（4）了解健康状况　最好在一群幼猫中选择比较有眼缘的健康猫咪。健康猫咪眼睛明亮、没有分泌物，牙齿洁白，口腔干净无臭味；鼻子柔软潮湿、无鼻涕，呼吸平稳而顺畅，肛门干净、无黏液，轻轻拉起尾巴检查一下周边的毛，没有腹泻或分泌物的污迹；耳朵干燥而洁净；毛色平顺、光亮、柔软；性格活泼、活动力较强。购买回家饲养观察1周后，最好到宠物医院进行健康检查，并进行疫苗接种。

（5）了解疫苗和驱虫情况　可以根据猫咪的免疫情况和驱虫史，结合后面的饲养情况决定什么时候开始继续免疫和驱虫。

7. 遇到流浪猫怎么办

希望每只流浪猫都能遇到心软的神。

各市动物防疫条例规定街道办事处、乡镇人民政府组织协调居民委员会、村民委员会，采取必要措施，做好本辖区流浪犬、猫的管控和处置，防止疫病传播。区公安、动物防疫等部门加强对流浪犬、猫管控和处置的指导和支持。鼓励相关行业协会、物业服务企业等参与对流浪犬、猫的管理。

对流浪猫控制和处置方式很多，包括收容、认领、领养、数量控制（如捕捉、绝育、放归）等，没有任何倾向性，要结合当地实际情况来采取科学的处置措施。目前国内外在控制流浪猫数量上采取捕捉、绝育、放归措施（Trap Neuter Release），简称TNR，控制日益增长的流浪猫数量，也可在接种狂犬病等疫苗和驱虫后，进行领养。

小区里的流浪猫

居民小区的流浪猫随处可见，为了家人和家里其他宠物健康，不要随意把它们带回家。因为流浪猫已经养成固定野外的生活习惯，要想改变很困难。很多流浪猫都曾有心灵创伤的经历，开始不会很温顺，需要主人满满的爱心和耐心，它们才会服从。

如果一定要抱养流浪猫，需要确认流浪猫与你足够亲近，才可以考虑带回家。如果家里本来就有猫咪、狗狗，收留的流浪猫需要隔离饲养、观察，因为流浪猫身上可能携带各种病原体和寄生虫。隔离时，准备充足的食物、水及猫砂盆，等它慢慢适应室内生活环境，隔离中注意接触人员的个人防护。一段时间后，经兽医检查健康，才能和家里的猫咪、狗狗接触。

喂养流浪猫注意事项

（1）选择合适食物　建议选择喂食干猫粮。干猫粮在炎热的夏天不容易变质，冬天不易冻结。湿猫粮容易招来蚂蚁、苍蝇，且容易变质，吃变质的猫粮容易引起猫咪腹泻。所以流浪猫不建议喂食肉食或湿猫粮，更不建议喂食人类的食品。

（2）选择合适喂食地点　喂食地点最好隐蔽一点儿，要远离居民楼，以免聚集过多流浪猫，猫的叫声打扰到邻居，同时也可保护猫咪。

（3）投放合适喂食量　建议喂食的量不能多，以免浪费猫粮。不能让流浪猫养成一直需要喂食的习惯，否则它们会失去流浪生活的能力。

（4）注意人员防护　不要与流浪猫有亲昵行为，不要抚摸、拥抱流浪猫，避免被猫咪抓伤。流浪猫的粪便要消毒，不能随意处理，避免污染环境。

第二部分

喵星人的日常养生

喵星人的保养秘方

1. 猫咪基础养护管理

养猫不是一件简单事儿，请用心对待。

（1）做好日常基础护理　眼部护理：平常勤于擦拭眼睛周围毛发，减少对眼部的刺激。鼻子护理：平常多注意观察猫咪呼吸时的状态，检查鼻腔情况。口腔护理：经常检查猫咪的口腔。足部护理：避免有害物质腐蚀侵害猫咪的排汗系统。耳朵护理：猫咪耳朵需要经常清洗。被毛护理：用专业的猫梳梳理毛发，梳理时注意一层层梳理。

（2）选择合适的饮食器具　配置专用的猫碗，猫碗需经常清洗、消毒，最好选择分量厚重，碗底带有防滑圈的。

（3）定量、定点、定时喂食　选择合格的商品化猫粮，须按照猫粮包装上的说明来喂食。喂食猫粮采用固定量、固定喂食地点和固定喂食时间。给予猫咪充足的洁净水，并定期更换。

（4）选择合适的猫砂及猫砂盆　猫咪源于沙漠，至今还延续原始的生活习性，会用沙对排泄物进行掩埋。市场上猫砂种类有很多，品质参差不齐，按材料大致可分为豆腐猫砂、膨润土猫砂及矿石猫砂，选择适合自家猫咪的产品即可。

（5）选择合适的猫包　家庭饲养猫咪虽然长期生活在室内，但不可避免地需要去医院接种疫苗、检查身体或跟随主人外出。猫咪进入陌生的环境容易紧张害怕，引发应激反应，会不吃东西、流口水不止，严重的会尿闭，甚至死亡。为减少应激反应，选择合适的出行猫包很有必要。

（6）定期接种疫苗、驱虫　对猫咪定期进行体内外驱虫，接种猫三联疫苗和狂犬病疫苗。

（7）注意居家安全　家里的阳台和窗户要封闭，防止猫咪跳出来。经常有猫咪从高层建筑的窗户坠楼的情况发生，因此主人外出时一定要记得关闭窗户和阳台门。确保家中没有暴露的电线，防止猫咪误啃电线。

2. 选择猫粮要慎重

关于吃喝，马虎不得。

（1）价格和外观　一般价格的高低直接决定制造猫粮所用原材料的档次，根据自己的经济情况去购买性价比较高的猫粮。优质猫粮包装精美，而且使用的包装是经专门设计制造的防潮袋，开袋后能闻到自然的香味，猫粮颗粒饱满、色泽较深且均匀，外观油润感均匀。低档的猫粮一般加入了化学添加剂，开袋后有刺鼻的味道。

（2）看清制造原材料　不要选用原材料表述含糊不清的猫粮。选择营养价值较高的原材料的猫粮，比如新鲜肉类（鸭肉、鸡肉、羊肉）。

（3）了解成分　正常的猫咪需要一定量的蛋白质，足够的蛋白质供给，能使身体正常功能得以维持延续。正常猫咪的猫粮还必须含一定量的氨基酸、脂肪和碳水化合物等多种营养成分。

（4）喂食猫粮　一次给猫咪喂食太多猫粮，不利于猫咪的肠胃消化，长期如此会导致猫咪肥胖，剩余的猫粮也会滋生细菌。猫粮不要混合普通饭菜，否则会导致猫咪不吃或者形成挑食的习惯。猫粮无需加热，如果给猫粮加热，会导致猫粮里面的营养物质被破坏。

3. 换猫粮有技巧

猫粮口味不可随意换，要有过渡期。

猫咪换粮一般分年龄段换粮、功能性换粮等情况，如果不是特别需要，不建议给猫咪换粮。猫咪不能直接换新粮，因为猫咪的肠胃特别敏感，突然换新粮，会出现肠胃不适应，发生呕吐和腹泻的情况。

一般换粮可采用7日换粮法，第一天少量添加新粮，其他都是旧粮；

之后每天增加一定比例的新粮，同时减少一定比例的旧粮；最后一天完全换成新粮。对于肠胃比较敏感的猫咪，可以考虑10日换粮法，甚至更长时间来完成换粮。猫咪很不喜欢经常换粮，换不同猫粮对猫咪消化系统是一种负担，所以一定要谨慎。

如果换粮过渡期间出现软便、呕吐、便血、精神差等症状，要考虑是不是猫粮的问题。换粮期间最好不要频繁喂别的食物，比如罐头之类的，保持食谱的单一性，便于观察。

4. 猫咪饮食不需要荤素搭配

猫咪可是老虎的师父，都是肉食动物。

猫咪是肉食动物，平时喂养猫咪营养丰富的肉食，不需要添加任何素食。

如果日常主食是猫粮，为了健康，可以给猫咪额外补充一些维生素和微量元素。因为猫粮中的许多维生素可能在加工时遇热被分解破坏，加上猫粮储存方式简单，猫咪容易出现维生素缺乏症。

为什么有的猫咪喜欢吃大麦草（猫草）呢？猫咪是能吃素食的，虽然平时不需要，但偶尔也会吃一点，有的猫咪特别喜欢啃食大麦草，有的猫咪喜欢吃草莓，有的猫咪还会吃樱桃。一般猫咪吃猫草，是因为它需要一点膳食纤维来帮助排出体内的毛球。

5. 化毛膏能化毛吗

主人要搞清楚：化毛膏不是营养膏。

如果猫咪有毛球问题，可以在家里种些大麦草，或者草坪草、小麦、燕麦、麦冬，甚至狗尾巴草。当猫咪感觉体内有毛球时，会去吃这些草帮助自己将毛球排泄出来。还可以采用毛球配方的猫粮，控制毛球在猫咪体内的形成。最常用、最方便的办法是给猫咪吃化毛膏，帮助将毛球排出体外。

化毛膏看上去像牙膏，有些猫咪爱吃，有些猫咪不爱吃。化毛膏并不是把猫咪体内的毛团溶解掉，而是通过润滑肠道，增加肠道蠕动，同时软化毛团，把毛球排出体外。化毛膏的主要作用是排毛，虽然大部分化毛膏会添加一些微量元素和糖等物质，但只是为了更好地排毛，化毛膏不能替代营养膏，作为营养物质的补充。

6. 如何让猫咪爱上喝水

爱喝水的猫咪，都是神仙猫猫。

增加猫咪饮水量

（1）保证饮水干净、新鲜　每天要仔细清洗饮水器皿，冬季建议每天清洗1次，夏季每天清洗2次，同时及时更换新鲜水。

（2）制造活水效果　猫咪喜欢饮流动水，可以买一个电动饮水机，模仿出流动水、喷泉水效果，增加猫咪饮水量。

（3）补充一些食物以增加饮水量　可以喂食肉汤和鱼汤，或适当在猫粮中增加一点盐，增加猫咪饮水量。

（4）增加运动量　增加猫咪运动量，消耗多了，饮水量也会增加。

猫咪饮水注意事项

（1）饮水选择　可以选用高温煮沸后放凉的白开水，或商品化纯净水。没有过滤的自来水、茶叶水、酒精饮料、变质的牛奶、长久不更换的水均不能给猫咪饮用。

（2）准备较大的水碗　如猫咪喝过的水碗留存有之前的味道，猫咪就不喜欢再去喝水。如果水碗较大，之前的味道影响较小，猫咪就有可能再次去同一个碗喝水。

（3）多点放置水源　在家里各个角落多放几个干净的水碗，装干净、新鲜的水，位置宜高不宜低。

7. 猫砂盆的摆放也讲"风水"

猫砂盆的风水宝地有讲究。

说起猫砂盆，要先讲一讲选购猫砂，好猫砂也是决定猫砂盆"风水"的重要因素。

（1）不要选择香气很浓的猫砂　猫咪的呼吸道很敏感，尤其体质较弱的猫咪。有香味的猫砂，是为了迎合主人的需求，而不是猫咪的需求。

（2）选择结团快而牢固的猫砂　结团是指猫砂在接触猫尿之后的结

块现象。猫砂结团越快、越牢固，猫尿的臭味散逸得越少，除臭效果就越好。猫砂结团牢固，不仅能减轻主人清理的工作量，还能有效避免用过的猫砂遗留在猫砂盆，保持猫砂盆的清洁。

（3）选择扬尘少的猫砂　有些猫砂容易扬尘，会使家里的地板积灰，也会对主人的呼吸系统造成影响。长期使用，会造成猫咪肉垫干裂、毛发粗糙。部分猫咪的呼吸系统比较脆弱，猫砂扬尘还易引起猫咪呼吸系统疾病。

（4）选择颗粒大、质量重的猫砂　颗粒小、质量轻的猫砂颗粒会被夹在猫咪的小肉垫里，被带到客厅、厨房，甚至卧室的床上。猫砂的颗粒稍微大一点儿，就不会被夹在猫咪肉垫里，质量重的颗粒也可有效防止被猫咪带出。

猫砂盆消毒

猫砂盆消毒是保证猫咪和主人健康的关键一步，而健康是"风水"好的关键。猫砂盆的消毒方法有哪些？

（1）宠物专用消毒液消毒　可采用宠物专用消毒液，按照使用要求进行喷洒和浸泡消毒。

（2）紫外线灯杀菌消毒　紫外线可以有效杀灭物体表面的细菌、病毒等微生物。但紫外线对人体有伤害，消毒时，主人和猫咪不可进入房间。建议每周消毒1~2次，每次消毒时间为30分钟。

（3）阳光暴晒消毒　将猫砂盆用肥皂水清洁干净后，可以放在太阳下暴晒，达到对猫砂盆杀菌消毒的目的。

猫砂盆的摆放要求

（1）放于安静、隐蔽的地方　猫砂盆的摆放要求以安静、封闭为主，不会让猫咪受到过多干扰。其中洗手间或者阳台的角落，都是不错的摆放位置。既可以通风，又不会影响整体居室的整洁。最重要的一点是，这些地方比较隐蔽且安静。

（2）放于有适当亮度的地方　不要把猫砂盆放在太过阴暗的地方，适当的光线可以使猫咪更容易找到上厕所的地方。猫咪虽然夜视能力很强，但是在完全黑暗的环境中，视力会受到影响。

（3）和食盆、水盆分开放置　一般猫咪会把粪便排泄在远离休息区的地方，因此要尽可能地把猫砂盆摆放在离食盆、水盆远一些的地方。当猫咪熟悉了猫砂盆的位置后，不要轻易改变。

8.读懂猫咪的表情

读懂猫咪表情，就是保命符啊!

猫咪看起来没有表情，实则不然。它们的表情丰富，常让人忍俊不禁。

（1）专注表情　猫咪瞳孔竖直呈椭圆形，耳朵自然耸立，胡须自然朝下。

（2）警觉表情　猫咪瞳孔收缩成细长状、居中，眼睛瞪大，耳郭向前笔直耸立，胡须朝前倾。

（3）平静表情　猫咪瞳孔细长、竖直，眼睛半眯着。耳郭向前自然耸立，胡须散开。

（4）害怕表情　瞳孔放大呈圆形，眼睛瞪得又大又圆，胡须向后平伏。

（5）困惑表情　瞳孔呈椭圆形，耳朵一只朝前、一只朝后，胡须垂下。

（6）开心表情　眯着眼睛，看不到瞳孔，耳郭向前自然耸立，胡须自然散开。

（7）愤怒表情　瞳孔缩小，眼睛细长，表情凶狠，耳朵向两侧下压，胡须向前上方炸开。

9. 你了解猫咪的肢体语言吗

猫咪呼噜声是世界上最助眠的声音啦!

虽然猫咪不会说话，但会通过肢体动作来表达自己的想法。

（1）露腹部　腹部是猫咪身上最柔软、最脆弱的位置，猫咪露出腹部，可以认为是对主人的信任、撒娇，这时主人摸摸它的小肚子，猫咪会非常开心。

（2）呼噜声　猫咪感到满足时，或在主人怀里轻松愉快时，才会发出轻快的呼噜声。摸猫咪头部或全身，猫咪会发出呼噜声，表示对主人顺从、开心。

（3）踩抓　猫咪用爪子在猫抓板、垫子上轻轻踩抓，说明猫咪很愉快、放松。

（4）频频下蹲　猫咪在猫砂盆内或猫砂盆外频频下蹲，表示猫咪有可能出现下尿道阻塞而引起小便不畅，也可能是猫咪排不出大便。

（5）轻咬　猫咪用牙齿轻轻地咬主人的手指，不是攻击，而是在传达想和主人玩，喜欢主人的意思。

（6）随处小便　发情期的猫咪会随处小便，留下标记性气味，寻找合适的交配对象。当猫咪进入陌生环境后随处小便，表示想占领领地。

10. 高层养猫首先封窗

窗外的鸟语花香，时时刻刻引诱本喵星人的心。

随便在网上一搜就会发现，猫咪从高处摔下来，受伤或者死亡的例子太多了。所以如果居住的楼层比较高的话，一定要封窗、封阳台。

猫咪容易从高处摔下来，主要是因为猫咪对外界的事物非常好奇。很多猫咪喜欢到窗户边，观看外面的风景，如果天空中有一只鸟飞过去，猫咪会直接扑过去，一旦窗户开着，猫咪就会直接坠楼，后果不堪设想。另外，有的猫咪喜欢在阳台的边缘晒太阳，尤其是在冬季，很容易掉下去。

猫咪从高楼掉下，不仅自己的生命无法保障，甚至有可能砸中楼下的人群和车辆，造成人员伤亡、车辆损坏。

不住在高层的主人，出门的时候也一定要关窗户。有些猫咪的野性比较大，可能趁主人不在家的时候逃离。

11. 抱猫咪的正确姿势

不要碰本喵星人，小心"喵喵拳"啊!

如果喜欢猫咪，想抱一下，一定不能直接冲过去就抱，这样可能引起猫咪的极度反抗。正确的做法是先观察猫咪的情绪是否稳定，是否愿意和你亲近。如果猫咪主动凑过来，蹭你的身体；在你身边发出呼噜声，甚至翻出肚皮；跳到你的腿上或者怀里求抱抱，这时候才可以去抱它。

抱猫咪的最基本原则是要抱紧并托住它的全身，防止猫咪的重量集中在某一部位，这样会给猫咪足够的安全感，不会导致猫咪受伤。

（1）正确抱猫姿势　常规抱：一只手放在猫咪的前肢腋下向上提起，

另外一只手托住后脚和臀部。这样猫咪四肢都有依靠，安全感十足。

婴儿抱：一只手伸到猫咪的前肢腋下并向上抬起，另一只手托起猫咪的臀部将猫咪抱起，猫咪后背朝外，像抱婴儿那样用手托住猫咪的臀部，手环抱胸、腹部，让猫咪趴在怀里。

肩头趴式抱：将猫咪两只前肢搭在肩膀上，一只手托着猫咪臀部，另一只手扶住猫咪的腰部。

（2）错误抱猫姿势　抓后脖颈：这种模仿母猫叼幼猫的姿势，提起猫咪的后颈皮是不正确的。由于幼猫体重较轻，拎起来确实不会给猫咪造成很大负担，但是对于成年猫咪而言，后颈皮难以承担其身体重量，很容易令猫咪感到窒息。

提拉前肢：猫咪的前肢不足以支撑全部的身体重量，提拉前肢容易让猫咪关节受伤，而且猫咪后腿悬空没有安全感，会乱蹬，误伤主人。

托举腋下：这种抱法会使猫咪的双脚腾空，让它很没有安全感，猫咪可能会蹬腿反抗，从而误伤主人。另外，猫咪被悬空托起时，身体重量集中在下半身，会使猫咪的颈椎受到伤害。

12. 如何带猫咪出门

世界那么大，本喵星人只想待在家。

首先，猫咪出门建议要装在猫咪专用旅行包或旅行箱内，针对不同大小猫咪选择一个合适的旅行包或旅行箱，要足够宽敞，能让猫咪舒展开身体。顶部要有大开口，侧面也有开口，方便将猫咪抱进、抱出。底部要有硬托盘，不漏水，如果猫咪排泄，也比较容易清洗。

其次，让猫咪提前熟悉旅行包或旅行箱。平时把进出门打开，让猫咪可以自由进出，并放入一些舒服的、有猫咪气味的毛巾，也可以在里面放一些零食、玩具，让猫咪习惯进出。

最后，携猫咪外出过程中，确保旅行包或旅行箱处在一个水平状态，可用安全带固定住，减少移动；同时可以用毛毯罩住旅行包或旅行箱，让猫咪感觉更加安全和放心。外出的途中，多注意观察猫咪的状态，如果它表现出紧张的情绪，可以给予安抚，喂些食物、水让猫咪平静下来。不要带猫咪在外逗留太久，噪声、灰尘和陌生的环境都有可能造成猫咪不适。

13. 猫咪走丢怎么办

把握住找猫黄金 72 小时。

如果发现猫咪走丢，应尽快去寻找。走丢的 72 小时是找猫的黄金时间，一般情况下方圆 100 米都是最佳搜索范围。

猫咪丢了，最好在晚上寻找。猫咪属于夜间行动的动物，主人最好在晚上 9 点以后出去寻找。猫咪通常胆子很小，它们在陌生的环境下会很恐惧，白天会躲在角落里，只有晚上才出来寻找食物，主人可以在猫咪丢失的附近放一些它平时爱吃的食物来引诱它出来，并且呼喊它的名字。

如果住楼房，猫咪不小心走丢了，尽量往上面楼层寻找，猫咪擅长往高处走；同时可以在楼梯间呼唤它的名字，当它听到主人的声音，也会回应的。

另外，也可调取周边监控，确认猫咪走失的路径，尽量多地走访所有同楼邻居，将楼顶、安全通道、水电箱、楼梯间窗外、通风管道、空调架、地下室（地下车库）、周边绿化带、车棚、废物堆积处等作为重点寻找区域。

如果猫咪丢失 7 天以上，也不要放弃，它很有可能和附近的流浪猫混在一起。主人可以寻找附近的流浪猫聚集点或者垃圾堆，很有可能会找到它。如果还是没有找到，说明它在附近没有找到吃喝的地方，可能去了更远的地方。

预防猫咪走丢，最重要的事情是随手关门、关窗，窗户加上纱窗。给猫咪戴上有身份标记的项圈。带猫咪做绝育手术，因为发情跑出去交配，在猫咪走失情况中是非常常见的，做绝育手术能极大地避免这种情况的发生。

14. 去除猫咪臭味小妙招

有谁不爱香香的喵星人呢!

猫咪可能会由于膀胱炎等泌尿系统疾病或使用了不合适的猫砂及猫砂盆等,出现乱拉、乱尿的情况。如果尿味很大,如何有效去除臭味呢?

(1)选择合适的猫砂盆 在选择猫砂盆的时候,要注意材质和安全性,优质的猫砂盆密度大,不容易磨损,残留的排泄物少,因而臭味较小。劣质的猫砂盆在使用几次后,容易磨损,容易吸附异味,因而臭味较大。

(2)定期清理猫砂 如果长时间没有清理或更换猫砂,猫咪就不愿意再在猫砂盆内排尿、排便。它会随处大小便,导致环境臭味大,也容易引起猫咪的泌尿系统疾病和便秘等问题。

(3)地板和家具的去味 任何材质的地板或家具,想抵挡尿渍的渗透和残留都是有难度的。可以喷洒宠物专用去味剂,待分解过程完成后,清洗擦净即可。

(4)定期清洗、消毒猫咪用具 猫咪经常使用的生活用品,如猫窝、猫玩具等,最好每周清洗一遍,多晒太阳。

(5)更换猫粮 如果猫咪的大便味道很大、很臭,很有可能是饮食问题造成的,可以给猫咪更换一款猫粮。

如果采用以上方法后还是臭味很重,需要检查猫咪口腔、肛门等有无问题。

15. 猫咪也要穿衣、穿鞋吗

不要学网红猫咪，本喵星人不需要穿衣！

一般情况下，不建议给猫咪穿衣服，因为猫咪的毛发本身具有很好的抵御寒冷的作用，猫咪穿上了衣服后，全身的毛发都被衣服捂着，皮肤的透气性会变差，容易引发皮肤疾病。猫咪穿上衣服后，活动会受到极大的阻碍，影响身体的敏捷性。它会感到不适、难受，不停地撕扯衣服。

个别身体素质差的猫咪或无毛猫咪在寒冷的季节，主人适当给它们穿衣，可起到保暖作用。绝育手术后的母猫要穿手术服，防止猫咪舔舐伤口，防止皮肤缝合线头断开和伤口发炎。

猫咪不需要穿鞋子，因为猫咪的肉垫属于感知器官，非常敏感。猫咪的肉垫有落地着力缓冲、防滑的作用，穿上鞋子从高处跳下时，反而会无法着力。因此，大部分猫咪都是不愿意穿鞋的，穿上后反而会影响其正常走路。

16. 猫咪：并不想吹空调

空调这种机器，小猫咪是不适合的。

一般情况下不建议猫咪吹空调。猫咪对温度的变化比较敏感，特别是幼猫、接种疫苗后的猫咪，或者正处于生病期的猫咪，吹空调很容易导致猫咪生病或者是病情加重。

如果确实要开空调，需要注意以下3点：

（1）如果环境温度太高，猫咪也处于比较健康的状态，可以适当吹空调，建议将温度控制在28℃以上；

（2）不要让猫咪长时间待在空调房中；

（3）空调开2~3小时就需要关闭，打开窗户通风换气。

空调的温度不可设定太低，过低的温度会导致猫咪受凉，出现腹泻、呕吐，或者流鼻涕、打喷嚏等症状。不要让它们频繁地在空调房和非空调房之间出入，冷热交替是最容易生病的；同时准备充足的饮用水，可以多准备几个水碗，因为空调房内的气流速度增加，会导致房间内空气干燥，猫咪容易口鼻发干。

如果猫咪吹空调期间出现流水样鼻涕，或者持续地打喷嚏，需要及时关掉空调；症状持续或者加重时，需要及时送到宠物医院做进一步的检查和治疗。

17. 猫咪不能用蚊香

猫咪和蚊香要有界限。

夏季来临，驱蚊产品陆续上市，想驱蚊，但又怕对猫咪身体产生危害。养猫家庭如何选择适合猫咪的驱蚊产品呢？

常用的驱蚊产品有蚊香、电蚊香、驱蚊液、驱蚊贴、驱蚊手环等，这些产品的成分不同。最常用的是蚊香和电蚊香，两者的有效成分都是拟除虫菊酯类化合物，如氯菊酯、氯氰菊酯和溴氰菊酯等。拟除虫菊酯对人的毒性较低，难以被人体皮肤吸收，即使进入人体，也很容易被肝脏代谢掉，但是这种成分对猫咪的毒性很大。猫咪的肝脏不能代谢拟除虫菊酯成分，如果同时在密闭环境点燃蚊香和养猫，就可能导致猫咪中毒，引起猫咪发热、癫痫、共济失调等症状，甚至还可能引起猫咪死亡。

使用蚊香或电蚊香驱蚊先关闭房间门窗，驱蚊结束后将门和纱窗打开通风透气，等到气味完全消散了以后再让猫咪进入。

驱蚊液产品大多含有避蚊胺，较高浓度的避蚊胺驱蚊液也容易引起猫咪中毒。

传统的蚊帐及现在常用的电蚊拍，对主人和猫咪是相对安全可靠的。

家里蚊子多主要和积水有关，定期检查一下家里冰箱下面、花盆里、窗台上是不是有积水。蚊子的幼虫离不开水，可以从源头上减少蚊子在家繁殖的概率。

18. 猫咪从不用人用沐浴露

猫咪洗澡，世纪难题。

猫咪不可以用人用沐浴露。猫咪虽然也有浓密的毛发，但是其皮肤结构比人敏感，组织结构更单一，非常容易损伤。人的皮肤酸碱度跟猫咪是不一样的，人的皮肤呈弱酸性，pH 在 5.5~6.5，猫咪皮肤呈中性或弱碱性，pH 在 7.5 左右。

人用沐浴露一般呈酸性，会洗掉猫咪皮肤表面的油脂，使猫咪皮肤变得很脆弱，容易患皮肤病。长期给猫咪用人用沐浴露，会让猫咪的毛发变得粗糙、没有光泽，甚至掉毛，导致猫咪皮肤敏感，容易被真菌、寄生虫感染。由于人用沐浴露化学成分较多，洗澡时，猫咪误食或舔食人用沐浴露后，也会导致猫咪出现健康问题。

给猫咪洗澡要根据猫咪自身的具体情况选择沐浴露。现在市面上的猫咪沐浴露按作用可以分为漂白剂型、无刺激型、留香型、去虱子型。建议用无刺激型、留香型的沐浴露，这两种沐浴露成分比较温和，使用起来不容易刺激猫咪的皮肤。

19. 猫咪也有分离焦虑症

没有安全感的小猫咪，最怕主人离开！

　　猫咪是十分敏感的动物，容易患分离焦虑症，表现为经常喊叫，主人不在时会有不吃不喝、随处大小便、吞食异物、过度自我舔毛、破坏性拆家等行为。引起这种行为的原因是主人突然离开，或猫咪进入一个陌生的环境，产生紧张、焦虑的情绪。

　　预防猫咪的分离焦虑症，需要主人平时和猫咪多交流，外出时尽量带上它。如果主人要出差离开一段时间，可寻找可信赖的朋友上门帮忙照顾猫咪。主人离开之前让朋友来家里几次，让猫咪习惯并熟悉"临时主人"，同时让"临时主人"了解猫咪的日常饲喂需要，包括喂食、大小便清理等。主人离开之前要转移猫咪的注意力，不要让猫咪知道主人离开。

　　猫咪的分离焦虑症可通过训练缓解，训练时逐渐让猫咪看到主人走到门口，并最终不再关注主人是否离开。训练要有耐心，可以准备猫玩具、食物，甚至隐藏在家里的零食，帮助分散猫咪对主人离开的注意。日常生活中多配备一些猫咪设施，比如盒子、猫笼、猫爬架等，让猫咪有玩乐、躲藏的地方，减轻猫咪的心理压力。

20. 安乐死——安详地离去

猫咪希望在生命最后一刻，主人能陪在身边。

宠物安乐死是指对当前的医疗技术和条件无法救治的宠物，或由于疾病给宠物精神和躯体引起极端痛苦从而停止治疗，而采用人道方法使用药物使宠物在无痛苦、无知觉的状态中结束生命的过程。

目前常用的方法是先注射足量的麻醉剂使宠物失去意识，感受不到痛苦，然后快速静脉注射氯化钾等。高浓度的钾离子可抑制心肌，使心脏停止跳动而死亡。

注射戊巴比妥钠、注射饱和硫酸镁，以及吸入高剂量麻醉药物也可进行宠物安乐死。

喵星人的健康生活

1.猫咪不能吃的食物

猫咪食量虽小，但要求很高。

（1）生的肉类食品等　不能吃生肉，因为生肉中可能含有沙门菌、大肠埃希菌等细菌和多种寄生虫。不能吃动物肝脏，动物肝脏中富含维生素A，长期食用过量肝脏，可能造成维生素A过量，甚至中毒。不能吃生鸡蛋，会消耗猫咪体内的生物素，导致其出现脱毛、虚弱、生长缓慢、骨骼畸形等症状。不能吃海鲜，可能导致猫咪过敏。

（2）部分蔬菜、水果　葱、洋葱、大蒜等都含有二硫化物，猫咪不能吃，否则会破坏猫咪的红细胞，引起严重的贫血，甚至死亡。不能吃葡萄，猫咪食用会导致其发生中毒，引起肾衰竭，危及生命。不能吃有核的水果，易使猫咪消化道堵塞。

（3）特殊零食　不能吃口香糖，口香糖多使用木糖醇作为甜味剂，木糖醇可引起猫咪的肝脏损伤，严重时可造成死亡。不能吃巧克力，巧克力中含有可可碱，会对猫咪的心脏和中枢神经系统造成损害。

（4）部分饮料　不能喝牛奶，牛奶中含有较多的乳糖，猫咪体内普遍缺少乳糖酶，不能充分消化和吸收，食用后会出现腹胀、腹泻和呕吐。不能喝咖啡和茶，咖啡和茶中含有的咖啡因和可可碱会损害猫咪的心脏和中枢神经系统。不能喝含有乙醇的饮料，乙醇可引起猫咪的肝肾损伤，导致昏迷，甚至死亡。

2.远离这些植物，猫咪会中毒

大部分植物和猫咪，共存一室可能性比较小。

日常生活中很多的植物会引起猫咪中毒，一定要引起注意。

（1）含观音杉碱植物　常见的有英国紫杉、日本紫杉等，除了果实外，整株植物都有毒。误食会抑制猫咪心肌收缩，造成心脏骤停。

（2）含毛地黄素的植物　常见的有毛地黄、夹竹桃、铃兰等。毛地黄素是治疗心脏病的药物成分，如果猫咪误食了含毛地黄素的植物，会造成其昏厥、痉挛，甚至呼吸、心跳停止。

（3）有肾毒性的植物　常见的有百合花、金针花等。误食可能导致猫咪呕吐、嗜睡、食欲不振，甚至肾小管坏死、肾衰竭。

（4）汁液有毒的植物　常见的有绿萝、万年青、菖蒲、彩叶芋等。误食后会引起猫咪口咽损伤、出血、流口水、呕吐、肾衰竭等中毒症状。

（5）含氢氰酸的植物　常见的有绿珊瑚、龙骨、彩云阁、桃金娘，以及豆科、禾本科、亚麻科等植物。猫咪误食后会抑制体内氧气的输送，导致器官受损，甚至呼吸困难。

（6）含梣木毒素植物　常见的有杜鹃花，整株都具有毒性，尤其是花朵和叶子的部分。猫咪误食后会造成低血压、呕吐、腹泻，严重时导致呼吸急促，甚至昏迷。

（7）可溶解草酸盐类植物　常见的植物有大黄、酢浆草等。植物中草酸盐会进入猫咪的血液，生成不溶于水的草酸钙。猫咪误食后，这些草酸钙会进入肾小管，导致肾脏疾病。

（8）含植物毒素类　常见的植物有蓖麻子、鸡母珠、刺槐。猫咪误食会有口炎、舌炎，刺激肠胃，所含毒素会破坏蛋白质，造成红细胞凝集，严重时会造成肾脏损害。

（9）含茄碱类植物　常见的有龙葵、玉珊瑚等，猫咪误食后主要表现为神经症状。

（10）肠胃刺激类植物　常见的有圣诞红、槲寄生、冬青、芦荟、仙客来、菊花、麒麟花等。猫咪误食后除了腹泻，还会引起流口水、呕吐、精神委靡或呼吸困难等症状。

3.猫咪挚爱——猫薄荷

猫薄荷，没有一只猫咪逃得了。

猫薄荷又称为荆芥，是多年生草本植物，原产于欧洲、中亚、中东和

中国，属于薄荷家族的唇形科。它对于猫类的动物，能起到兴奋、刺激的作用。猫薄荷的作用相当于幻觉剂，猫咪闻到后会躺在地上打滚。研究表明，60%~70%的猫咪会在接触猫薄荷后出现异常兴奋的症状。

猫薄荷中含有一种叫荆芥内酯的物质，猫咪接触或食入后，体内β内啡肽水平显著提升，β内啡肽可以激活猫咪体内的阿片受体，从而使猫咪缓解疼痛，并让其产生愉悦的快感。

猫咪吃了猫薄荷，表现为兴奋地跳来跳去，有的则会安静地陶醉其中。猫薄荷对猫咪不会产生不良影响，所以很多逗猫的玩具添加了猫薄荷成分。

4.如何护理猫咪毛发

撸猫，撸的就是顺滑温暖的毛茸茸体感。

光泽亮丽的毛发是猫咪健康的表现，护理毛发很重要。

（1）提供全面营养 提供全面的毛发营养需求，补充蛋白质、氨基酸、维生素、微量元素等，这些营养物质均衡时，猫咪不仅毛发会发亮，而且体格会长得非常壮实。

当猫咪的毛发比较干燥时，主人可以适当给猫咪喂食卵磷脂，卵磷脂是一种有助于毛发生长的营养物质。还可以适当给猫咪补充维生素，维生素对于猫咪的毛发生长也至关重要，如果缺乏，可能会导致猫咪脱毛。

（2）适当晒太阳 适当晒太阳可以帮助毛发杀菌，促进皮肤血液循环，有利于猫咪毛发的健康。

（3）做好体内外驱虫 要想毛发好，驱虫先做好。猫咪很容易感染体内外寄生虫：体内寄生虫会消耗猫咪体内营养，表现为消瘦、腹泻，皮毛粗糙、无光泽，毛发易断；猫咪体表的跳蚤、虱子、螨虫、蜱虫等寄生虫能够引起猫咪皮肤炎症、过敏，毛发脱落。因此，定期给猫咪进行体内外驱虫十分重要。

（4）要勤于梳毛　猫咪几乎每天都会掉毛，春、秋两季掉毛更严重。可以用宠物专用的梳子，帮助猫咪清理自然脱落的毛发。梳毛还可以起到按摩毛囊的作用，促进毛发生长，使猫咪毛发柔亮、浓密。

5. 猫咪耳道护理很重要

猫咪的耳朵只在愿意理你的时候工作。

健康猫咪的耳垢是深棕色，略微显油，这是由于猫咪自身油脂的分泌和外部物质在耳道里存积所致，需要主人定期清洁，以防止发炎。

清理耳道的方法是给猫咪套上伊丽莎白圈，再将猫咪的耳翼轻轻拉起，将耳道清洁液滴入耳道，一般2~3滴即可；轻揉猫咪的耳朵，让清洁液流入耳道，充分与耳垢接触，软化耳垢，一般按摩1分钟以上，然后松开猫咪，让猫咪自己甩头，甩出耳道的耳垢；随后用干净棉签，轻轻伸入猫咪耳道，注意不要伸入太深，小心擦拭猫咪的耳道，用棉花或纸巾，将外耳道及外耳郭擦拭干净。

根据耳道感染情况和严重程度，选择抗菌、抗病毒、抗寄生虫等不同功效的耳道清洗液，根据其说明使用。使用要按照疗程，才能取得较好效果。

6. 猫咪的口腔护理方法

保持清新口气，迎接美好"喵生"。

猫咪口腔疾病发病率很高，正确护理可以大大降低。

（1）定期洗牙　定期给猫咪洗牙可以有效去除牙结石，洁净口腔环境，保护牙齿和牙龈，猫咪洗牙应找专业的宠物医院，通常每年1次。

（2）训练刷牙　猫咪主人可以定期给猫咪刷牙。猫咪刷牙可以去除附着在牙齿上的软垢，有效预防牙结石的发生。每周1~2次刷牙就可以保持口腔清洁。

（3）用漱口水　在猫咪的日常饮水中添加适量猫咪专用漱口水，可以预防牙菌斑的形成，防止蛀牙的发生。猫咪专用漱口水有一种清新的味道，也可消除口腔中的异味。

（4）选择猫粮　日常生活中，应尽量少给猫咪食用黏性食物，应选择干粮类猫粮，干粮不会黏附在猫咪牙齿上，同时具有一定的牙齿保健的作用。

（5）增强抵抗力　一些病毒感染后，如猫杯状病毒感染，猫咪容易口腔发炎。增强猫咪的体质和免疫力，可以有效预防病毒感染，同时起到预防口腔疾病作用。

7. 给猫咪剪爪子

家里的小猫咪不需要捕猎，只需要给主人亲亲。

猫咪野外生存时需要用猫爪捕鼠、自卫和攀爬，因此猫爪十分锐利，且生长速度快。为了防止猫爪过长而影响行走，猫咪有磨爪的习惯。作为玩赏或伴侣用途的猫咪，为防止锋利猫爪损坏衣物、用具及抓伤人，建议经常给猫咪修剪爪子。

修剪爪子的具体方法：首先将猫咪抱于怀中，然后用左手的示指、中

指和拇指同时用力将猫咪的修剪肢固定住，稍用力按压指尖，使锋利的爪子凸出，此时右手持猫专用指甲剪将猫爪前端透明的角质部分剪除并磨平整。有些猫咪脾性倔强，修剪爪子时不配合，可以使用猫咪专用固定包，配合操作。

修剪时不要剪除太多，否则会伤及猫爪的神经和血管，引起疼痛和出血。如果修剪后发现猫咪行走异常，说明可能伤了猫爪，要仔细检查，寻找受伤处，及时止血和涂擦消毒剂，防止感染。一般每个月给猫咪修剪爪子1~2次为宜。

8. 猫咪为啥要吐毛球

吐毛球是舔毛后的不良反应。

猫咪特别爱干净，经常用舌头来舔自己毛发，脱落的毛发舔进消化道后，如果长期不能被排出体外，会在胃里渐渐聚集形成毛球。平时猫咪会通过呕吐，将这些毛球吐出来，有时会吐出一些圆柱状表面沾满黏液的毛团，有时干呕，什么也没吐出来。毛球会导致猫咪大便较干硬，甚至排便时排泄物里面带有毛发。

猫咪体内毛球增多，不能及时排出时，会表现为精神差，没有食欲，毛发粗糙、没有光泽，便秘，有时猫咪只要喝水或吃点儿东西就会呕吐。大量的毛球可能造成肠道梗阻，猫咪很快就会出现脱水，甚至内脏器官衰

竭的情况。

日常饲养过程中，为了帮助猫咪排出毛球，可以给它服用各种化毛膏产品，坚持定期服用，可以帮助其顺利排出毛球。给猫咪选择化毛膏时，一定要慎重，普通化毛膏含有大量的矿物油成分，猫咪吃多了，可能会影响身体健康，应选择质量好、无不良反应的产品；也可给猫咪定期服用麻油，以润滑肠道，促进毛球排出。

9. 猫咪肥胖不可爱

猫咪和人一样，也有易胖体质。

猫咪肥胖会带来各种健康问题，产生肥胖的原因主要有7点。

（1）品种因素　有些品种的猫咪容易出现肥胖问题，多见于家养短毛猫，杂种猫比纯种猫更容易肥胖。

（2）年龄因素　猫咪肥胖多发生在中老年，常见于5~10岁。

（3）性别与绝育　猫咪肥胖常见于公猫，绝育后更易肥胖，绝育后猫咪肥胖发生率为正常猫的3~4倍，公猫尤为明显，所以猫咪绝育后要注意适当减肥，有条件的可食用减肥处方粮。

（4）疾病因素　糖尿病、甲状腺功能减退症、肾上腺皮质功能亢进症等疾病会导致猫咪肥胖。

（5）药源性肥胖　长期使用某些药物如糖皮质激素药、抗癫痫药等，可使猫咪贪食，引起肥胖。

（6）饮食过量　主人对猫咪过于溺爱，长期喂食高脂肪、高能量食物，在进食次数和食量上没有节制。

（7）缺乏运动　居住条件限制，运动量少，也可导致猫咪肥胖。

根据猫咪的体形判断是否肥胖

第一类粗壮结实型猫咪，比如中国狸花猫、美国短毛猫。在判断这类猫咪是否肥胖时，可以看它们的肩胛骨凸起情况。当猫咪卧下时，如果肩胛骨看起来没有明显凸出，表示它已经比较肥胖。

第二类圆润厚实型猫咪，如英国短毛猫。判断这类猫咪是否肥胖，可以仔细观察它的头部和肚子的比例，如果发现猫咪的肚子已经比头部宽，表示肥胖。

第三类长毛且多毛型猫咪，如金吉拉、波斯猫、喜马拉雅猫。即使猫咪是标准身材，浓密厚实的毛发也会让它们看起来很胖。所以学会判断这种猫咪是否肥胖很重要，可以在给猫咪洗澡的时候顺便观察它的头部和肚子的比例，如果肚子已经很大，宽度超过头部，表示猫咪已经很肥胖。

第四类纤瘦肌肉型猫咪，这类猫咪主要有东方短毛猫、孟加拉豹猫等。要判断是否肥胖，同样可以观察肚子。摸摸肚子，如果已经鼓胀得很厉害，或者身躯两侧明显鼓出呈枣核形，表示猫咪已经肥胖。

另一种判断猫咪是否肥胖的方法是称体重。体重超过正常体重15%~30%为超重；超过正常体重30%，判断为肥胖。

猫咪减肥方法

猫咪减肥主要采取饮食限制、增加运动量，以及喂食处方食品和服用药物的方法。

（1）增加运动量　坚持每天利用逗猫棒与猫咪互动30分钟以上，以达到减肥的效果。

（2）停止喂食肉类辅食　减肥期间停止给猫咪喂食肉类辅食。适量给猫咪喂食一些含纤维素的健康果蔬，这样可以均衡营养，更有利于猫咪健康。

（3）少量多餐　改变猫咪喂食的方式，调整为少量多餐的喂食方式，如果有必要，还可以减少喂食量。

（4）选择低脂猫粮　给猫咪选择的猫粮也很重要，经常给猫咪喂食太油腻的食物和高油脂的猫粮，容易导致猫咪肥胖和排软便。

10. 猫咪也要接种疫苗

宠物医生：最喜欢给吃货猫咪打针！

疫苗主要用于预防传染病的发生，目前预防猫咪传染病的疫苗主要有狂犬病疫苗和猫三联疫苗两种。狂犬病疫苗是犬猫通用疫苗，主要预防犬猫狂犬病毒感染。猫三联疫苗可预防猫瘟、猫传染性鼻气管炎和杯状病毒感染。猫细小病毒感染会引起猫瘟，猫疱疹病毒感染会引起猫传染性鼻气管炎，猫杯状病毒感染会引起猫口炎。

猫狂犬病疫苗推荐 3 月龄以上猫咪接种，以后每年加强免疫 1 次。猫三联疫苗推荐 9~12 周龄猫咪进行第一次免疫，间隔 1 个月进行第二次免疫，以后每年加强免疫 1 次。

猫咪免疫注意事项：疫苗只能用于健康猫咪的预防接种，年老体弱、极度消瘦、内分泌紊乱、免疫功能下降等异常时期的猫咪，不建议接种疫苗。猫咪感冒发热、发情时应推迟免疫。新到家的 3 月龄以上猫咪，由于环境和饮食等改变可能会引起抵抗力暂时下降，需要适应 2 周，才可以接种疫苗。

疫苗接种后出现不良反应要及时就医。极少数猫咪接种疫苗后会发生过敏现象，如眼部肿胀、皮肤丘疹、呼吸急促等，或者出现短暂性精神不济、食欲下降。接种疫苗后的 1 周内不要洗澡，避免剧烈运动。

11. 猫咪不能吃人用药

猫猫我啊，不能吃人用药。

猫咪不可以吃人用药物，因为猫咪的身体生理结构和对药物的反应与人有所不同。如果喂人用药物，可能会引起猫咪出现不良反应或中毒。

尽管哺乳动物类用的药物成分很多是相同的，但生产辅料成分和使用剂量相差较大。药物使用剂量过大时，猫咪的肾脏、肝脏系统承受不住，可能出现肾功能衰竭、肝衰竭，有药物中毒的风险。

建议选择宠物犬猫或猫咪专用药物，这些药物是根据犬猫身体结构及代谢特点设计生产。在服用药物时，需要根据猫咪的体重及药物使用说明书服用，或者在执业兽医的指导下喂服，做到猫咪安全用药。

12. 猫咪可以和人同吃同住吗

猫猫我啊，睡纸盒子的命。

宠物猫咪作为家庭的一员，也是主人最亲密的伴侣，有些主人会和猫咪同吃同住。猫咪的生活卫生习惯和人完全不同，从卫生安全、疾病预防角度来看，不建议这样做。

猫咪是肉食动物，需要蛋白质含量较高的食物，而人是杂食类动物，需要的营养更全面。人吃的大部分食物，对猫咪来说，都是不需要的。另外，人的食物含有多种调味料，猫咪吃了对身体有害。猫咪对盐分的需求非常低，人类的食物中盐含量相对较高，如猫咪摄入盐分太多，会导致泌尿系统出现问题，甚至出现肾结石。

猫咪是夜行动物，晚间比较活跃，容易影响主人睡眠。同时猫咪身上可能带有人兽共患病的病原体，如果和猫咪同住，容易感染猫癣和体外寄生虫等疾病。在换毛的季节，猫咪掉毛会比较严重，如果让猫咪在床上睡觉，人会接触比较多的猫咪毛发，敏感体质的人会出现过敏反应。

13. 猫咪发情和绝育的关系

"单身喵"的快乐只有吃吃喝喝。

怎么样才算是猫咪发情呢？

（1）母猫发情表现　叫声变化：母猫发情的时候最明显的表现是整天喵喵叫，而且声音高亢。在半夜的时候，还会频繁大声叫。

性格变化：由于体内雌激素水平增加，母猫发情的时候，脾气也会变得很暴躁，有时候主人靠近它，可能会出现抓挠的行为。

外表变化：母猫发情的时候，外阴会变得肿胀，并且会出现一些透明的黏稠状分泌物。

动作变化：有些母猫在发情的时候，会经常做出撅屁股的动作，让自己的气味散发得更远，以吸引附近的公猫前来交配，这是表达欲望的行为。

（2）公猫发情表现　性格变化：公猫在发情的时候，脾气会变得很暴躁，稍有不顺心，可能会出现攻击行为，特别是在面对陌生人和其他公猫的时候。

动作变化：公猫在发情时会经常出现骑跨行为，可能会抱着玩偶、凳脚，甚至是主人的腿，发泄自己的欲望。公猫在发情时喜欢到处小便以标记地盘，吸引母猫。公猫发情时还会想尽一切办法逃出家门，寻找可以交配的母猫。

猫咪发情时一般不建议马上做绝育，因为这时猫咪生殖器官大量充血，如果进行手术，很容易发生术中出血。绝育手术最好推迟到发情期结束后1周左右。

14. 猫咪怀孕了

大肚子猫猫，超级黏人。

猫咪怀孕了怎么办？

（1）保证适当营养　在猫咪整个孕期，提供有质量保障的猫粮，不要过度补充其他营养物质，营养过剩会导致幼猫过大，易造成猫咪难产。

（2）提供安全保障　孕期的猫咪肚子越来越大，这时候主人不宜去逗猫，以免猫咪为了和主人互动，去做一些跳跃或者大幅度旋转的动作。同时孕期的猫咪警惕性比较强，主人逗猫，猫咪可能为了保护自己抓伤人。建议不要带新的犬猫回家，以免孕期的猫咪受到应激惊吓，引起流产或难产。

（3）提供安静环境　猫咪是很敏感的小动物，给猫咪准备安全且安静的生产环境，保证生产过程中不受到外界刺激极为重要。猫咪怀孕后期，给猫咪准备一个大纸箱，里面铺上柔软的护理垫。另外，猫咪生产的时候，最好不要打扰，否则猫咪会因为紧张而生产困难。

（4）准备接产　大多数的猫咪可以独立完成生产，主人只要提前准备好接产的工具用品，提前做好应急处理方案，有突发情况及时就医。

15. 猫咪要生了

猫咪虚弱的时候只相信最值得信任的主人。

母猫的怀孕期一般为 60~63 天，产前 1 周需要提供产窝或产箱，里面铺上柔软、吸水的布条或纸条。产窝或产箱应放置在温暖、安静的房间内，光线应暗一些。让母猫生产前 1 周熟悉并适应产窝或产箱，对母猫顺利生产十分重要。

母猫生产前会有一些具体特征。生产一般在深夜凌晨时分，生产前会有明显的不安症状，烦躁、嚎叫、黏人，可持续1~2天。在临近生产时，会格外不安，四处乱转，低头舔舐腹部。主人用手轻轻抚摸猫咪腹部胎儿，会有跳动感，阴道伴有黏液流出。这时主人应及时安抚母猫，缓解它的焦虑，引导母猫进入准备好的产房，可用手掌轻柔抚摸，帮助其放松。

母猫的分娩一般要持续1~3小时，如果母猫羊水已破5~14小时，仍不见幼猫产出，或已露出阴门5分钟还不能全部产出，或母猫在前一只幼猫产出后2~3小时仍有阵缩而无幼猫产出，可认为是难产，应及时去宠物医院诊治。刚出生的幼猫应在第一时间喝上初乳，如果母猫奶水少，可以采用人工哺乳，每2~3小时进行1次。

16. 照顾哺乳期的猫咪

姥姥（主人）不好当，天生带孩子的命。

（1）把好营养关 母猫产后极其虚弱，可能导致身体功能减退，奶水减少，所以产后哺乳期饮食应以营养丰富、高蛋白质、高钙质、易消化为第一要素。应逐渐增加食物分量和喂食次数，提供充足、清洁的饮用水。

（2）把好护理关　应给母猫提供安静、舒适、干燥、通风的休息室，经常更换褥垫、卧具。保持清洁，定期清洗消毒食盆、水盆，防止疾病传播。注意保暖，尽量不要给母猫和幼猫洗澡。

（3）把好心理关　母猫产后很容易受到惊吓，尤其是有人靠近或想抱幼猫时，它会表现出强烈的情绪波动，这其实是"护崽"现象。所以主人应尽量不打扰，更不能让陌生人接近猫窝，以免刺激母猫。

17. 训练幼猫用猫砂盆

主人：我们家家教很严的，幼猫也会用猫砂盆。

训练幼猫用猫砂盆，要选择合适的猫砂和猫砂盆，大多数猫咪喜欢开口式简单的猫砂盆，结构过于复杂的猫砂盆，不容易进出。部分顶入式和全封闭式的猫砂盆不适合幼猫。有些猫咪对猫砂很挑剔，最好尝试几种不同的猫砂，直到找到猫咪最喜欢的那一款。主人要做到每天铲猫砂，每周清洗1次猫砂盆；猫砂也要经常更换，不要让猫咪尿液气味长时间散逸。

训练幼猫用猫砂盆时注意如下事项。

（1）及时奖励　猫咪大小便后及时奖励，每次猫咪成功用猫砂盆大小便之后，给它喂点小零食作为奖励。猫咪和所有的动物一样，也吃"褒奖"这一套，积极强化，很快便会产生效果。

（2）不可打骂　训练猫咪大小便时，大声吼叫或是随意打骂只会让猫咪更害怕。如果猫咪不在猫砂盆里大小便，可以让它闻闻刚大小便的地方，然后温柔地把它放进猫砂盆里，让它知道这里才是大小便的地方。

（3）定时　通常主人家的猫砂盆放在厕所里，如果主人想让猫咪知道大小便的大致时间，可在此时间段内把猫咪关进厕所，多次重复后，猫咪就会在厕所里大小便。

（4）有耐心　训练猫咪在猫砂盆中大小便需要一段时间，可能是1~2周或更长。要求主人有足够的耐心，只有这样，才能训练成功。

第三部分

喵星人和主人抵抗疾病

喵星人症状解析

1. 猫咪黑下巴

黑下巴可不是脏了。

黑下巴是猫咪的常见疾病症状之一，也称为毛囊炎，影响猫咪的美观和健康。黑下巴是由于下巴部位油脂分泌过于旺盛，堵塞毛囊导致的一种炎症反应。猫咪黑下巴的原因主要有饮食过于油腻、长期使用塑料材质的猫碗、猫碗消毒清洗不严、猫咪情绪多变、主人护理不当等。

缓解猫咪黑下巴症状，建议将猫碗换为不锈钢材质，比较容易清洗，油渍很难残留在猫碗上。同时进行药物防治，可以给猫咪准备凡士林及红霉素软膏，涂抹在猫咪黑下巴的部位，轻轻揉搓，黑下巴部位的小黑点搓下来后，用消毒湿面巾擦拭干净即可，一般 1~2 次就能把猫咪黑下巴去除。

如果由于猫粮太油腻而引起黑下巴，建议及时更换一款相对低脂猫粮。预防黑下巴，注意在猫咪饭后擦拭下巴部位。另外，也要安抚好猫咪情绪，注重猫咪的心理健康，避免猫咪长期处于焦虑、紧张的情绪，以防内分泌失调。坚持每天与猫咪互动 15 分钟以上，增加猫咪运动量，也能较好预防猫咪黑下巴。

2.猫咪呕吐

如果不是吐毛球就需要多注意了。

遇到猫咪呕吐，分析呕吐原因。常见的有以下10点。

（1）进食太快　如果猫咪进食不到半小时就开始呕吐，并且呕吐物中有还未来得及消化的食物残渣，说明猫咪是进食过快导致的肠胃不适。

（2）肠胃毛发　猫咪呕吐物中有团状毛球，说明猫咪胃内聚积毛发过多，为排出毛发而呕吐。

（3）食物变质　猫咪频繁呕吐，有可能是误食变质食物。

（4）空腹　如果猫咪呕吐出来的只有黄色黏稠的胃液，是因为猫咪空腹太久，分泌胃酸过多。

（5）胃肠炎　猫咪出现呕吐并伴随腹泻的情况，有可能是患了胃肠炎。猫咪的环境变化、食物变化、喂食方式变化，都有可能导致胃肠炎。

（6）误食异物　误食异物，也会让猫咪呕吐。

（7）感染寄生虫　猫咪可能感染了体内寄生虫导致呕吐。

（8）过量喂食　猫咪自己不会控制食量，当猫咪吃多了，胃部不适，就会通过呕吐的方式来排出多余食物。

（9）重大疾病　除了肠胃疾病能引起猫咪呕吐，很多重大疾病都会造成猫咪呕吐。

（10）中毒　猫咪误食主人的某些食物（比如大蒜类、巧克力、酒精饮料、茶水等）会引起中毒，也会出现呕吐、腹泻。

如果发现猫咪反复呕吐，需要及时寻找原因，进行针对性治疗。

3. 猫咪腹泻

猫咪腹泻通常是由季节和天气变化导致的着凉、食物消化不良、寄生虫和胃肠炎等引起。猫咪持续腹泻，会对身体健康造成较大影响。如果是幼猫腹泻，可能危及生命。

（1）消化不良性腹泻　这是猫咪腹泻的常见原因之一。猫咪不懂得控制进食的量，吃太多的食物而引起消化不良，最终导致胃肠炎等疾病。猫咪的肠胃很脆弱，很多食物都不能吃，比如巧克力、咖啡、牛奶，以及其他高盐、高脂类食物。

（2）季节性腹泻　每到换季，气温变化无常。如果主人冬季没有给猫咪做好保暖工作，夏季让猫咪经常睡地板上吹空调，就很容易导致腹泻。

（3）寄生虫感染性腹泻　如果不定期给猫咪驱虫，体内的寄生虫就有可能导致猫咪腹泻。

（4）胃肠炎性腹泻　如果猫咪除了腹泻外，还伴随呕吐、体温升高、精神差、食欲差的情况，多半和胃肠炎有关，胃肠炎大多数是由饮食不当引起。一般此类腹泻通过空腹1~2天，可以改善症状。

（5）继发性腹泻　主要由病毒或细菌感染继发腹泻，或胃肠功能紊乱引起持续腹泻，应及时找出具体病因，对症治疗。

4. 猫咪咳嗽

猫咪咳嗽，先找病因。

猫咪咳嗽是十分常见的疾病症状，所有的呼吸系统疾病都会引起猫咪咳嗽，主要原因如下。

（1）呼吸系统感染　病毒如疱疹病毒、杯状病毒，细菌如支气管败血波氏杆菌，及支原体感染引起的支气管肺炎、气管炎、支气管炎、喉炎、哮喘等都可引起猫咪咳嗽。

（2）胸腔、心肺疾病　有些胸腔、心肺疾病也会导致猫咪咳嗽，例如猫肥厚型心肌病、肺淤血、脓胸、肺水肿等。

（3）寄生虫感染　如心丝虫感染可引起咳嗽、循环障碍、呼吸困难、贫血、肝脏肿胀、腹围增大。肠道寄生虫移行到肺部，也会导致咳嗽。

（4）环境因素　由于环境温差大或通风不良，导致有害物质积聚，猫咪吸入可引起咳嗽。

咳嗽症状本身并不会危及猫咪的性命，重点要找出咳嗽病因，对症、对因治疗。猫咪咳嗽时，可以服用一些猫用消炎止咳药，同时要注意猫咪保暖，加强营养和护理。

5. 猫咪吐黄水

猫咪：真的不想再吐了。

猫咪吐黄水，可能有以下原因。

（1）饮食不当　猫咪吃猫粮过多，或吃了不易消化、变质的食物，或没有固定时间喂食，都可能引起猫咪吐黄水。

（2）胃肠道疾病　猫咪患有急性胃肠炎会表现为精神不佳、腹痛、腹泻，同时吐黄水。

（3）感染体内寄生虫　猫咪感染体内寄生虫时会出现吐黄水的症状。

（4）传染病　一些传染病如猫瘟，除了吐黄水外，体温也会升高。

（5）继发性吐黄水　继发性吐黄水最典型的疾病是胃及十二指肠炎或溃疡，脂肪肝、肾脏疾病、胰腺炎、肠道异物完全梗阻等也会表现为持续吐黄水。

6.猫咪频繁上厕所

猫咪厕所里难以言说的痛。

猫咪频繁上厕所，主要原因有以下几点。

（1）尿道炎　尿道炎是相对轻微的一种尿道疾病，是由于细菌感染或其他病原微生物感染引起尿道红肿、炎症，表现为排尿频繁、排尿困难，使用猫用抗菌消炎药结合对症治疗，预后一般良好。

（2）膀胱炎　膀胱炎与应激反应有很大关系，如果猫咪换了新环境而无法适应，可能导致膀胱炎。细菌、病毒感染会引起猫咪膀胱炎反复发作。

（3）发情期　发情期也容易出现随地小便和频繁小便，在发情期结束后可通过绝育手术解决。

（4）尿路堵塞　尿路堵塞引起的频繁小便，排尿时表现十分痛苦，有时会发出痛苦的叫声。尿路堵塞是由于猫咪平时饮水较少，蛋白质和矿物质摄入过多，导致矿物质在膀胱、肾脏、尿道结晶沉积，形成结石堵塞尿路。主要通过改善尿液性质来溶解结石或减缓结石形成，如果反复发作可通过手术治疗。

改善猫咪频繁上厕所，最主要的是训练猫咪主动喝水，多喂食湿粮，必要时人工喂水。如猫咪长期出现这种现象，建议吃泌尿系统处方粮，调节尿液 pH，同时定期服用猫用酸化膏，减少尿道结晶形成。

7. 猫咪无尿、少尿

猫砂结块太小或几乎没有，主人需要注意了。

猫咪无尿、少尿是指尿液排泄量很少，可能是因为肾脏没有分泌尿液，或者膀胱内尿很多，但是不能排出，多见于脱水、心力衰竭、休克、肾脏疾病、肿瘤。发现猫咪无尿、少尿后，要诊断发病的原因，对因治疗。

肾脏是猫咪排泄体内毒素的重要器官，一旦这个器官出现问题，意味着不能及时排出毒素。毒素在体内停留时间一长，猫咪身体就会出现问题。一般肾脏刚开始出现问题时，并没有明显的症状。一旦发现明显症状，肾脏已经受损严重，所以给猫咪定期体检尤为重要。

大多数猫咪出现无尿、少尿是由于膀胱炎、尿道结石。多见于公猫，因为公猫的尿道细长且比较窄，容易发生尿道问题，导致少尿或无尿。如果是结石导致的无尿、少尿，可给猫咪定期吃酸化膏，酸化尿液，促进结石溶解，预防新结石的生成，同时增加猫咪饮水量，稀释尿液，预防尿中结晶沉淀产生结石。如果公猫由于结石引起反复的排尿不畅，也可考虑做尿道造口手术。

8. 猫咪不爱吃饭

猫咪食量虽小，但要规律正常。

猫咪不爱吃饭或突然停止进食，可能有如下原因。

（1）毛球症　毛球症会引起食欲下降，可以通过定期食用化毛膏，帮助毛球排出。

（2）生病　猫咪生病如感冒、胃肠炎等，食欲会明显下降。遇到这种情况，要看猫咪的精神状态，如果精神不佳，及时带猫咪去宠物医院。

（3）消化不良　猫咪由于吃得太多，导致消化不良，不想吃饭。

（4）食物口味　猫咪不喜欢喂的食物，也可能不吃，可尝试用不同的食物喂养。如果换粮要注意方法。

（5）环境因素　有的猫咪爱干净，如果食物脏了，猫咪食欲会下降。

（6）发情期　春季猫咪发情期食欲会下降。这段时间猫咪脾气特别暴躁，甚至会抓、咬主人，不要强行喂食。

（7）精神因素　由于环境变换、家里新来的宠物，出现焦虑症状，猫咪会不吃东西，一般过些时间，会慢慢恢复正常。

发现猫咪不爱吃饭时，要分析各种原因，寻找解决办法。

9. 猫咪不爱喝水

如何让猫咪爱上喝水，堪比世纪难题。

为了猫咪的健康，需要保证猫咪的饮水量。了解猫咪不爱喝水的原因，才能帮助猫咪多喝水。常见的原因有以下几点。

（1）水里有猫咪不喜欢的味道　猫咪的嗅觉比较敏感，如果发现猫咪不爱喝水，有可能水已经被其他东西"污染"。比如水碗放在太靠近猫粮的地方，猫粮不小心弄到水里。

（2）猫咪胡子不想碰到水　当猫咪喝水时，敏感的胡子就会碰到水，为了不让胡子碰到水，有些猫咪会选择不喝水。可以给猫咪安置一部自动饮水机，水位一直是满的，让猫咪胡子碰不到水。

（3）水不流动　猫咪天生好奇心重，喜欢会动的东西，比如流动的水。给猫咪安置一部水会流动的自动饮水机，可以吸引猫咪喝水。

（4）水不新鲜　猫咪的嗅觉灵敏，对隔夜不新鲜的水不感兴趣，主人要定时给猫咪更换新鲜水。

（5）饮水的位置　如果饮水位置在嘈杂的地方，猫咪不会过去喝水。

（6）疾病因素　如果伴随其他症状，考虑是否由于疾病引起猫咪不喝水，这时要带其及时就医。

猫咪不爱喝水，饮水不足，可能会引发泌尿系统疾病（尿路感染、尿结石、膀胱结石、

膀胱炎等)和肾脏疾病(急慢性肾炎、肾结石、急慢性肾衰竭、尿毒症等)，还可能引起便秘，在夏季会引发中暑，应引起主人的重视。

10. 猫咪耳部黑点

清理猫咪耳朵要定时，以便及时发现问题。

（1）猫咪耳朵内黑点　猫咪耳朵内黑点可能是由耳螨造成的。猫咪患耳螨后，会瘙痒，不停摇晃脑袋，同时在耳道里面能看到许多红褐色或者黑褐色的耳垢，耳内分泌物较多，散发酸味。防治耳螨要及时清洗耳朵，外用抗菌和抗耳螨滴剂。

（2）猫咪耳朵外黑斑　猫咪耳朵外面有黑斑可能是由猫癣所致，猫癣也会在脸部、躯干、四肢和尾部等处感染，表现为圆形或者椭圆形的癣斑，上覆有灰色的鳞屑，猫咪毛色会变得粗糙，癣斑部分的被毛一撮一撮地折断或者脱落。猫咪得猫癣后，需要及时使用抗真菌药物进行治疗。如果是混合细菌感染引起的猫癣，要涂抹抗生素软膏或滴抗生素药液。

11. 猫咪脱毛

自从养了猫咪，家里都是毛茸茸的了。

养猫家庭大多会碰到猫咪脱毛的情况，猫咪脱毛的主要原因有以下几点。

（1）季节性脱毛　如果是气候变化引起的脱毛，有季节性规律，这是猫咪身体功能自我调节的一种方式。通常在春季，猫咪会脱毛换上比较细短的毛发，到了秋季，猫咪又会长出较长的毛发。

（2）皮肤病　一些皮肤病也会引起猫咪脱毛，例如猫癣、体外寄生虫感染或过敏等。

（3）内分泌疾病　内分泌疾病也会导致猫咪脱毛的情况。当猫咪体内的某种激素分泌过多，或摄入过多的类固醇，或肾上腺皮质激素过度分泌时，猫咪背部会出现两侧对称的脱毛症状。

（4）洗澡过于频繁　洗澡过多也会引起脱毛，减少洗澡次数后，脱毛会好转。

（5）饮食营养不均衡　在平时的喂养过程中，猫咪摄入过多盐分会引起脱毛，伴随毛发干枯。食物营养摄入不均衡也会引起脱毛，要及时给猫咪补充。

（6）精神性脱毛　精神性脱毛是猫咪本身发生的一种非正常性脱毛。许多情况下，猫咪会由于心理原因，在瘙痒刺激下，会反复舔舐被毛，造成自身被毛减少。

猫咪脱毛的原因很多，如果发现猫咪脱毛，应详细分析、排查原因，对因治疗。

12. 猫咪掉牙齿

上牙要扔地下，下牙要扔房顶。

猫咪掉牙齿的原因有以下几种。

（1）换牙期　一般情况下，幼猫在2月龄左右乳牙就会长齐。5月龄时，随着猫咪长出新牙，原来的牙齿会慢慢被顶松、脱落。

（2）牙周炎　如果猫咪患有口腔疾病，特别是牙周炎，会出现掉牙齿的情况。牙周炎会导致支撑牙齿的组织细胞被破坏掉，从而造成牙齿松动、脱落，伴随剧烈的疼痛。

（3）老龄化　猫咪在12岁左右会因为年纪大，身体功能衰退，牙龈及牙槽松弛导致牙齿慢慢脱落。

（4）外伤　如果猫咪在外面打架，牙齿掉了，可能是由于外伤，牙齿断裂或细菌引起的发炎。

日常生活中要定期帮猫咪刷牙，或者购买一些洁牙零食给猫咪啃咬，保持猫咪的牙齿健康，预防掉牙。如果猫咪有牙周炎，建议调整猫咪的饮食，不再喂食干粮或者坚硬的食物，换成易消化、易咀嚼的流食。

13. 猫咪便秘

猫咪站在猫砂盆里，全身都在用力，可能是便秘。

猫咪便秘可以分成3种情况：便秘、顽固便秘、巨结肠。如果发展到巨结肠的程度，恐怕会危及猫咪生命，需要手术解决。

便秘常见的原因有6种。

（1）饲养不当　对于比较肥胖或年龄偏大的猫咪，肠道蠕动较慢，一次吃太多猫粮，或吃了难以消化的食物，很容易引起便秘。猫砂盆不干净，也会导致猫咪不愿意上厕所，引起便秘。

（2）环境因素　猫咪刚进入一个新的环境还未适应，可能会不愿意上厕所，从而造成便秘。

（3）肠道堵塞　摄入异物引起猫咪肠道堵塞，或肛门疾病引起疼痛，不愿排便，都会使粪便堆积在肠道引起便秘。

（4）饮水不足　猫咪饮水不足导致粪便中的水含量减少，因此粪便不易排出体外，造成便秘。

（5）运动不足　猫咪运动量不足很容易引起肥胖和便秘，建议多与猫咪互动和玩耍，增加猫咪的运动量。

（6）疾病因素　毛球症导致猫咪肠道堵塞，进而出现便秘的情况。轻度的毛球症可以通过喂食化毛膏等方法解决。如果毛球症比较严重，可以考虑灌肠或者手术治疗。肾衰竭、低钾血症、肝功能异常、内分泌紊乱、神经系统异常，以及感染寄生虫等都可能引起猫咪便秘。

猫咪便秘时，可以通过调整饮食和增加运动量，帮助猫咪尽快恢复正常排便。如果猫咪便秘的情况比较严重，可以在医生指导下给猫咪口服含硫酸镁或乳果糖的药物。必要时，可以用开塞露、灌肠等方法帮助猫咪排便。

14. 猫咪尿血

猫咪出现尿血，可能是由于某种疾病引起的症状。外伤导致膀胱和肾脏受损时，会伴随尿血的情况。如果一次排出的尿液中，仅最初一部分尿液是较深红色，同时伴随排尿疼痛的症状，很有可能是尿道炎或尿道结石。如果猫咪的肾脏、膀胱、尿道、生殖器出现肿瘤，也会尿血。

过度肥胖、缺乏运动、过度酸化或碱化尿液、去势手术、卵巢摘除、处于应激状态等因素也可能诱发尿血。

预防猫咪尿血主要采取以下措施：选择优质猫粮；吸引猫咪多喝水，猫咪水分摄入越多，就越可能把膀胱中的杂物冲刷干净；适龄绝育，可降低一半的发病风险；避免应激反应，大多数猫咪尿血，是因为受到环境中的一些刺激，比如惊吓、发情等。

猫咪出现尿血的症状，建议及时带到宠物医院检查确诊，再对症治疗。

15. 猫咪便血

猫咪便血是指粪便中出现血液。一般是因为胃肠道出血或者是肛门处受伤，导致排出的粪便中带有血液。

猫咪便血的主要原因有以下几点。

（1）胃肠炎 猫咪的胃肠炎通常伴随腹泻、呕吐、精神差，排泄物是黑绿色且带有腥臭味的血便。

（2）消化不良 猫咪吃得过多，或者食物不适合，很容易出现消化不良，粪便的颜色和气味是正常的，但偶尔会有带血的情况出现，对猫咪影响不大。

（3）便秘 猫咪便秘过久，粪便因太硬或是太干而排便不顺时，会造成猫咪一定程度上的肛裂，从而导致猫咪便血。

（4）猫瘟 猫瘟表现为腹泻剧烈、粪便腥臭带血、高频率呕吐、厌食、发热等。

（5）体内寄生虫 猫咪体内有寄生虫时，会引起腹泻、便血等。

（6）吞食异物 猫咪喜欢乱咬东西，很可能把一些针线、塑料等异物吞下，这些异物会卡住食管或者在进入胃部后，造成猫咪呕吐、厌食，也会引起肠道阻塞。如果这些异物划伤猫咪的胃肠道，会造成损伤导致出血，引起猫咪便血。

（7）肛门疾病 如果猫咪患肛门囊炎，粪便有可能会带有血液。

（8）应激反应　当猫咪受到外界刺激时，神经兴奋，肾上腺素分泌增多，有可能出现便血的情况。

预防猫咪便血要消除上述引起便血的因素，同时根据气候变化注意给猫咪保暖，不要给猫咪喂食过度刺激或生冷的食物。换粮的时候，采取循序渐进法，让猫咪的肠胃逐渐适应新粮。定期驱虫免疫，保持环境卫生。不要给猫咪太大的压力，减少猫咪的应激反应。家里的针线、玩具等小零件要注意放好，以免猫咪误食。日常喂养的过程中应坚持定时、定量，少食多餐，保证饮水新鲜和充足。

常见喵星人疾病

1.猫体内寄生虫

寄生虫千千万，猫咪体内占"一半"。

猫咪常见的体内寄生虫有以下几种。

（1）心丝虫 蚊子是心丝虫的传播媒介。虽然心丝虫在猫咪体内的生存率较低，但猫咪体形、血管管径和心肺容量比较小，1~2只心丝虫成虫就可能使猫咪休克，甚至死亡。

（2）绦虫 经由粪—口感染，跳蚤是中间宿主。当在猫砂盆、沙发上看到像米粒或白芝麻的东西，就是绦虫。绦虫由数节至数百节的节片组成，每一节中含有虫卵，当成虫成熟后，身体节片会脱落，节片上的虫卵便随着粪便一同排出。感染绦虫的猫咪表现为营养不良、毛发干燥且无光泽、食欲不振、呕吐、腹泻、慢性肠炎等症状。

（3）蛔虫 经由粪—口感染，如吃了带有虫卵的食物，或是接触到有虫卵的粪便；若母猫感染蛔虫，也会经由母乳垂直感染给幼猫。蛔虫长3~12cm，会寄生在肠道吸收营养。感染蛔虫数量不多时，猫咪症状不明显，但是当蛔虫数量增多时，猫咪就会出现营养不良、虚弱、腹胀、腹痛、肠道阻塞、呕吐等症状。

（4）钩虫 经由粪—口感染，也会经由母乳垂直感染给幼猫。钩虫寄生小肠，破坏小肠的上皮细胞，使肠道黏膜受损导致发炎、出血、腹泻、贫血，严重时会造成猫咪营养不良、身体虚弱，甚至死亡。

防治猫咪体内寄生虫，主要采取定期驱虫的方法。幼猫最容易感染体内寄生虫，需要多次用药驱虫。成年猫的驱虫次数依据日常生活方式确定，如果猫咪出门接触外界环境或长期在室外生活，需要每3个月驱虫1次。如果猫咪在室内生活，应每半年驱虫1次。

2. 猫跳蚤

跳蚤叮咬，又烦又痒难发现。

养宠物麻烦之一就是跳蚤感染，每年4~10月是跳蚤活跃的时期。跳蚤感染是皮肤病最为常见的一种原因，它能刺激皮肤，并在损伤皮肤处的毛细血管吸血。跳蚤叮咬后，猫咪会产生过敏反应，并出现速发型荨麻疹性皮肤疹块和迟发型炎性损伤，引起严重瘙痒。

预防猫咪跳蚤

一般来说，家庭预防跳蚤应从环境管理、用药预防、杀灭跳蚤几个方面采取措施。

跳蚤主要在春、夏两季活动，尤其是雨季湿度高，跳蚤繁殖会加速。

流浪猫是跳蚤入侵家庭的主要媒介，因此当家中宠物在户外活动时，应尽量避免经过流浪动物的栖息地，以防引"蚤"入室。

清除跳蚤

如果家庭已遭跳蚤入侵，建议除了宠物本身及其居所灭蚤外，地毯、踏垫、床具及衣物等都要立即清洗，用杀虫药喷洒。使用除湿机保持室内干燥，降低室内湿度，也可有效杀死幼蚤。此外，必须使用合适的药物对付跳蚤，用量要合理，家中饲养的猫咪用药，最好咨询执业兽医，以保证猫咪和人的身体健康。最常用的灭跳蚤药有除跳蚤滴剂、除蚤撒粉、喷雾剂、香波等。

3. 猫瘟

猫瘟夺走了无数流浪猫的生命。

猫瘟是由猫细小病毒感染导致的一种急性、高度接触性传染病。猫瘟又称猫瘟热、猫泛白细胞减少症、猫传染性肠炎等。2~5月龄幼猫易感，1岁以内多发，也可感染各年龄段没有免疫力的成年猫，是一种在猫咪中常见的高度致死性传染病。

猫瘟的临床症状

猫瘟的主要临床症状为突发双相高热、腹泻、呕吐、脱水、出血性肠炎和白细胞显著减少等。最急性的猫瘟病毒感染是由于继发菌血症，常在感染后24小时内死亡。急性猫瘟病毒感染的典型症状包括脱水、呕吐、腹痛及便血。慢性猫瘟主要症状为严重抑郁、神经衰弱、被毛粗乱、厌食并伴随顽固性呕吐、脱水等。口腔及眼鼻会流出黏脓性分泌物，眼球震颤，粪便呈水样且带血，体重迅速下降，常因严重脱水而衰竭致死。猫瘟发病后，治愈率很低，死亡率较高。

预防猫瘟

预防猫瘟主要采取疫苗接种的方法，猫三联疫苗是预防猫瘟、猫疱疹病毒和猫杯状病毒感染的三合一疫苗。按照猫三联疫苗的免疫程序，幼猫基础免疫的第一次于 9~12 周龄接种，第二次与第一次接种应间隔 3~4 周，以后每年 1 次。若成年猫以前未接种疫苗需接种 2 次，如以前已经接种过疫苗，只需每年加强 1 次。新到家的猫咪需观察 2 周以上，猫咪适应环境后，才可接种疫苗。

预防猫瘟平时要加强家庭环境的清洁消毒，平时避免家养猫咪接触流浪猫。

4. 猫传染性腹膜炎

猫肚子大了可能是可怕的猫传腹。

猫传染性腹膜炎又称猫传腹，是由猫冠状病毒引起的一种慢性、渐进性、致死性的传染病，主要通过粪便散播病毒，也可经媒介昆虫传播和垂直传播。不同年龄的猫均可感染，纯种猫发病率高于一般家猫，1 岁以下幼猫发病率较高。该病呈地方流行性，发病率虽然不高，但一旦感染发病，致死率接近 100%。

猫传染性腹膜炎的临床症状

猫传染性腹膜炎分为渗出型和非渗出型两种。

渗出型占所有病例的 60%~80%，发病初期症状不具有特征性，病猫精神沉郁、嗜睡、体重减轻、食欲减退或间歇性厌食，有时会出现腹泻，随后体温升高至 39.5~41℃，呼吸急促。后期腹腔积液，表现为腹围增大、呼吸困难、结膜苍白；随着渗出液的逐渐增多，病猫呼吸急促、贫血、消瘦，数周后衰竭死亡。

非渗出型主要是眼、中枢神经、肾脏和肝脏、肠系膜淋巴结的损伤，表现为眼角膜水肿、虹膜睫状体发炎，还可导致怀孕母猫流产、死产，新生或断奶前后的幼猫猝死。

预防猫传染性腹膜炎

猫传染性腹膜炎目前没有预防疫苗和常用治疗药物，可以采取猫砂盆专猫专用，每天清洗消毒。猫咪尽量饲养于室内，加强通风，日常做好环境清洁消毒。定期检测，发现阳性猫及时隔离饲养。

5. 猫皮肤病

治疗皮肤病是个耗时、耗力的活儿。

猫咪的皮肤病种类多，发病率高，常见的病因有体外寄生虫感染、真菌感染、细菌感染、过敏性皮炎等。

（1）体外寄生虫感染　体外寄生虫常见有虱子、跳蚤、螨虫。可以用体外驱虫药预防，在寄生虫活跃季节每月1次。使用体外驱虫药时，与洗澡间隔一两天最好。

（2）真菌感染　猫癣是人们熟知的一种猫咪皮肤病，主要症状为圆形或椭圆形的癣斑，患处皮肤瘙痒发红、脱毛、有鳞屑，多发于猫咪的面部、躯干、四肢及尾部。猫癣通过真菌感染，具有传染性，因此需要将患病猫隔离，做好室内消毒。猫癣治疗一般是口服抗真菌的药物、局部患处喷抗真菌的药物、做药浴等。抗真菌治疗周期较长，通常需要3~4个疗程。

（3）细菌感染　如果猫咪是细菌感染导致的皮肤病，可在兽医指导下口服抗生素，局部外用抗菌药物。

（4）过敏性皮炎　猫咪也会过敏，过敏原可能是食物、粉尘、药物或者其他。当猫咪接触到过敏原时，有可能引起过敏性皮炎，症状通常是患处红肿、发痒、湿疹、脱毛等。日常生活中含过敏原的灰尘，容易被猫咪吸入，导致过敏。

（5）其他致病原因　内分泌紊乱、营养不良和免疫功能异常、心理因素如压力大造成的过度舔毛，以及洗澡次数过多，也会引起皮肤病。

6. 猫骨折

猫咪跳跃能力好，也容易骨折。

当猫咪受到惊吓、外力冲撞、跌倒坠落、发生车祸时，容易骨折。如果怀疑猫咪骨折。可进行拍片检查，确定骨折的具体情况。

猫咪骨折的临床症状

骨折的症状视骨折部位不同而有所不同：四肢骨骨折时，猫咪可能会跛行；骨盆骨折时，猫咪可能会大小便失禁。骨折会让猫咪感觉极度疼痛，可能有不愿动、不吃东西等症状。如果是骨盆骨折，猫咪会后肢无力，躯体后半部分失去控制，严重时，会大小便失禁，并且疼痛感比四肢骨骨折强烈。

猫咪骨折后处理

外伤性骨折会出现明显的伤口，需要为猫咪止血、消炎，进行简单包扎处理，减少患处移动，避免病情恶化，安抚好猫咪情绪后，立即送医，进行各种检查。根据骨折部位和严重程度，在兽医评估后采取保守治疗或手术治疗。

7. 猫杯状病毒病

猫杯状病毒病，流浪猫易患疾病。

猫杯状病毒病是猫咪常见的呼吸系统病毒性传染病，特别在流浪猫中，感染率较高，主要表现为精神沉郁、浆液性鼻液，结膜炎、口腔炎、气管炎、

支气管炎等症状，伴有双相热。自然条件下，仅猫科动物对此病毒易感，多发生于1岁以内猫咪，发病率高，死亡率低。主要传染源为患病猫和带毒猫，患病猫在急性期可随分泌物和排泄物排出大量病毒，直接传染易感猫；带毒猫可长期排毒，是最危险的传染源。

猫杯状病毒病的临床症状

猫杯状病毒感染后初期症状有高热，舌和硬腭、腭中裂周围出现大面积的溃疡和肉芽增生，造成患病猫进食困难。患病猫表现为精神差、打喷嚏，口腔及鼻腔分泌物增多，流口水，眼鼻分泌物为浆液性或脓性，角膜发炎，畏光。猫杯状病毒感染可继发其他病毒和细菌感染。

预防猫杯状病毒病

预防猫杯状病毒病目前主要有猫三联疫苗，接种方法同预防猫瘟。由于流浪猫感染发病率高，家养猫尽量避免和流浪猫接触。另外，刚买的幼猫加强保暖，增强免疫功能，也可有效预防感染。

猫杯状病毒感染后，难以进行有效治疗，会反复表现为口炎症状，所以重在预防，加强猫咪饲养管理，增强猫咪的免疫力。

8.猫传染性鼻支气管炎

猫传染性鼻支气管炎，秋、冬季高发。

猫传染性鼻支气管炎是由猫疱疹病毒感染引起的一种以上呼吸系统感染为主要症状的急性、高度接触性传染病。临床以角膜炎、结膜炎、上呼吸系统感染和口腔溃疡为重要特征。

主要感染猫科动物，发病率高，不同年龄猫咪感染后病死率差异很大，成年猫一般不会引起死亡，幼猫死亡率可达 50%。该病有一定的季节性特征，秋、冬季高发。本病在流浪猫中传染速度快、发病率高。

猫传染性鼻支气管炎的临床症状

猫传染性鼻支气管炎感染后潜伏期为 2~6 天，幼猫比成年猫易感，且症状更明显。成年猫感染后，主要表现为结膜炎、口炎，同时伴有阵发性咳嗽、打喷嚏、流泪、食欲减退、精神沉郁、鼻腔分泌物增多等症状。

预防猫传染性鼻支气管炎

预防猫传染性鼻支气管炎主要是对易感猫进行疫苗免疫，目前有猫三联疫苗，接种方法同预防猫瘟。但对群居猫或受感染威胁的猫咪，再次免疫间隔需要适当缩短。疫苗有一定的预防作用，但不是百分之百。平时应加强饲养管理，尽量减少猫咪生活中的可能引起应激反应的因素，注意室内通风。新引进的猫咪或幼猫应至少隔离观察 2 周。

9.猫白血病

猫咪也有白血病，可接种疫苗预防。

猫白血病是由猫白血病病毒引起的一种以造血组织细胞恶性克隆增殖为特征的疾病，感染后容易发生恶性淋巴肿瘤、髓系白血病、病理性胸腺萎缩和非再生性贫血，其中对猫咪最常见、最致命的是恶性淋巴肿瘤。

猫白血病病毒主要感染猫咪，无性别和品种差异，幼猫比成年猫易感。白血病病毒主要通过呼吸道和消化道水平传播，经唾液排出，经眼、鼻、口腔黏膜进入体内。另外，也可垂直传播，病毒可经母猫子宫感染胎儿，也可经乳汁传播。吸血昆虫也是传播媒介。

猫白血病的临床症状

猫咪是猫白血病病毒的主要携带者，感染的猫咪临床表现为贫血、发热、呼吸困难、体重和食欲降低、牙龈炎、口炎、嗜睡，以及免疫力降低，可能继发感染其他多种疾病。

预防猫白血病

预防猫白血病，接种疫苗是最佳方法。猫白血病疫苗免疫程序是 9 周龄幼猫第一次免疫，4 周后第二次免疫，以后每年加强 1 次。为降低猫咪感染风险，尽量减少猫咪外出，避免接触其他猫咪。如果主人同时在喂养流浪猫，回家后一定要更换污染的衣物，清洗消毒后，再抱家里的猫咪。虽然白血病病毒在干燥的物品表面生存时间较短，但仍要通过消毒剂才能杀灭病毒，主人要注意家庭环境清洁消毒，保证猫咪健康生活。

10. 猫口炎

能吃饭是很幸福的事情。

引起猫口炎的原因：原发性、伤口感染、病毒感染、同类传染及全身疾病的继发症状等。口炎是猫咪最普遍的炎症，可频繁发生在各个季节。

猫口炎的危害

口炎对猫咪的危害巨大，主要影响猫咪的进食，使其发育缓慢，免疫力降低。该疾病传染性极强，容易引起其他并发症。

猫杯状病毒感染与猫口炎有较大相关性，在猫口炎病例中，大多数存在猫杯状病毒感染，有效预防猫杯状病毒病，可大大降低猫口炎的发生率。定期接种猫三联疫苗，对猫口炎也有一定的预防作用。

预防猫口炎

猫口炎治愈需要投入很多精力，不仅很难完全治愈，而且容易频频复发，所以科学预防是重中之重。

（1）减少口腔损伤　机械性损伤是猫咪患有口炎的最大诱因。猫咪的口腔比较脆弱，鱼刺或骨类很容易划伤猫咪口腔，造成机械性损伤，从而引起并发症。

（2）定期清洁口腔　定期检查和清洁猫咪的口腔，准备一些护理口腔的喷剂，发现问题及时处理。如发现猫咪口腔中有异物、牙结石或者坏齿，应当及时去宠物医院进行诊治，发现得越早，治疗起来越容易，复发率就

越低。

（3）提高猫咪的免疫力　由于免疫缺陷引发猫口炎的概率较高，可在日常饮食中补充一些复合维生素 B，提高猫咪自身免疫力。

（4）改善饲养管理　饲喂流食、多喝水也可起到一定的预防作用。如果猫咪有轻度口炎，多饮水可以避免口炎进一步加重。日常喂食的时候，建议多喂含有水分、易消化的食物。喂食猫粮时，可以将猫粮打成粉末状，减少口腔摩擦，预防机械性损伤而引起猫口炎。如果发现猫咪有口炎，应将患病猫和健康猫隔离，并对患病猫所生活的地方进行消毒。相关人员在接触患病猫后，也应当洗手消毒，以防传染给其他健康猫。

目前没有特效药物或治疗方法能有效根治猫口炎，临床上大多只能采取对症治疗。

11. 猫肾炎

猫咪多喝水，可预防肾炎发生。

猫肾炎又叫肾小球肾炎，是一种由感染或中毒后的过敏反应引起的以肾脏弥漫性肾小球损害为主的疾病。

猫肾炎的临床症状

猫肾炎又分为慢性肾炎和急性肾炎。慢性肾炎发病初期常表现为多尿，后期少尿、食欲不振、消瘦、被毛无光泽、皮肤失去弹性、体温正常或偏低，可见口腔黏膜苍白。急性肾炎表现为体温升高、食欲不振，有时发生呕吐、腹泻，肾区触诊疼痛，肾脏肿大，步态强拘，站立时背腰拱起，后肢集中于腹下，频频排尿，但尿量较少，部分猫咪还会出现血尿或无尿。

猫肾炎的发病原因

猫肾炎的发病原因较多，主要由于泌尿系统疾病，如肾结石、膀胱炎、尿道炎等导致逆行感染肾脏，引起猫咪肾脏感染。免疫系统疾病如免疫系统异常也会导致猫咪出现免疫介导性肾炎。猫肾脏肿瘤或其他部位的肿瘤扩散到肾脏，从而影响肾脏功能，引发猫肾炎。细菌进入肾脏后，损伤肾脏细胞，造成肾脏组织破坏，引起肾炎。另外，饮食不当和老年猫咪功能退化也是肾炎的发病原因。

预防猫肾炎

预防猫肾炎要加强猫咪护理，适当增加饮水量，喂猫咪专用处方粮和处方罐头，停止喂食含磷量高的食物，补充维生素。猫咪忍痛能力强，主人平时要注意多观察猫咪，定时体检，有情况及早发现及早就诊。

12. 猫中毒

猫咪误食后中毒要尽早送医。

由于猫咪的生活习性，猫咪很容易中毒。导致猫咪中毒的物质很多，有些物质很少的量，就能损害猫咪的身体健康。猫咪中毒表现为精神不振，伴随呕吐、腹泻、流口水、尿频等症状，还会出现四肢抽搐、呼吸困难、瞳孔扩散，甚至昏迷。如果发现猫咪中毒，应及时就医进行救治。

引起猫咪中毒的主要原因如下。

（1）食盐中毒　猫咪吃了过咸的食物，如咸鱼、咸肉等，可能引起食盐中毒。刚开始中毒猫咪会显得兴奋、不安，不停地来回踱步，步子飘忽，频繁尖叫；然后开始身体抽搐，出现口吐白沫、流口水、流鼻涕的情况。严重时很快会出现腹泻、尿失禁、四肢麻痹、呼吸困难，最后全身器官衰竭直至昏迷。

（2）酒精中毒　甲醇、乙醇、异丙醇都是常引发动物中毒的成分。乙醇常见于酒精饮料、外用酒精、发酵中的面团等。猫咪误食酒精半小时到1小时会出现症状，表现为腹泻、呕吐、肢体不协调、定向障碍、颤抖和呼吸困难等。最严重的情况是呼吸功能衰竭导致猫咪死亡。

（3）巧克力中毒　巧克力里的可可碱会使猫咪中毒，严重时会引发心脏衰竭而死。如果发现猫咪误食巧克力，要及时催吐并就医。

（4）腐败变质的食物中毒　猫咪误食了腐败变质的鱼、肉、酸奶或其他食物，由于这些变质食物中含有大量的沙门菌毒素、葡萄球菌毒素、变形杆菌毒素等，会引起猫咪中毒。

（5）家中杀虫产品中毒　猫咪容易误食家里的杀虫产品，常见于杀虫剂、农药、灭鼠剂等。杀虫剂、灭鼠剂等产品含有氟化物，会导致猫咪急性中毒。中毒症状包括胃肠炎、心跳加速、严重腹泻，还可能便血，猫咪精神委靡、虚弱无力，这些情况是猫咪肾脏、肝脏和其他内脏器官急性发炎引发的。

（6）洗发水、肥皂、洗涤剂中毒　猫咪误食这类含有碱液或腐蚀性碱性物质，会引起头晕、呕吐、腹泻等症状，引发轻微中毒，可以多喝水或喝牛奶以减轻症状。

（7）植物中毒　对猫咪有毒的植物很多，包括但不限于夹竹桃、杜鹃花、绣球花、蓖麻子、槲寄生、百合、牵牛花、菊花等，误食这些植物会导致猫咪呕吐、腹泻、流口水、食欲不振、抑郁、虚弱，甚至出现急性肾衰竭，危及猫咪生命。

13. 猫结膜炎

如果猫咪一直躲在封闭、阴暗角落，可能是生病了。

猫结膜炎是一种常见的眼部疾病，是指结膜产生了炎症。

猫结膜炎的临床症状

猫结膜炎的种类及症状：急性结膜炎，畏光、流泪、眼睑红肿、结膜充血、有大量黏性分泌物；慢性结膜炎，急性结膜炎持续1周以上转为慢性结膜炎，结膜凸出肥厚且发红，有少量分泌物；化脓性结膜炎，结膜明显充血、水肿、眼睛流出大量化脓性分泌物，上下眼睑常被黏在一起。

猫结膜炎的发病原因

猫结膜炎发病原因分为感染性和非感染性两大类。

感染性病因：感染性病因是指细菌或病毒感染。病毒感染容易继发细菌感染。猫疱疹病毒、衣原体、支原体、猫传染性鼻支气管炎病毒、猫杯状病毒、链球菌、葡萄球菌等都会导致结膜炎。

非感染性病因：异物进入眼睑导致结膜受到伤害，如沙子或灰尘等；眼睛受到外部伤害，比如猫咪之间打架抓伤、意外碰伤等引起结膜炎；猫咪睫毛倒长，眼睛长期受到摩擦引发炎症；泪管堵塞等。

大多数猫结膜炎是由感染性病毒导致。一般根据病史和临床症状可以确诊，大多数患病猫为5~12周龄。营养不良、生存环境恶劣时幼猫容易继发猫疱疹病毒感染，从而引起病毒性结膜炎，治疗首先应尽快去除致病因素，并以治疗原发病为主，同时隔离患病猫，预防其他猫咪被感染。

14. 猫尿石症

猫尿石症，夏、秋两季易复发。

猫尿石症作为泌尿系统的主要疾病，是各种致病因素综合作用的结果，如饮食、代谢、遗传、感染、地理区域和气候等多种因素。猫尿石症是猫咪常见的多发病之一。夏季和秋季尿石症的复发率高于春季和冬季。

猫尿石症的临床症状

猫尿石症主要有肾结石、输尿管结石、膀胱结石。

肾结石：无症状或不易关联症状，如与肾疼痛相关的厌食、嗜睡或有攻击性行为。

输尿管结石：可能无症状，特别是单侧输尿管结石。如果结石移动，可能出现间歇性的疼痛，伴血尿；如果输尿管完全被阻塞，可能引起肾积水（肾脏变大且疼痛）及急性肾后性氮质血症。

膀胱结石：可能无症状，多在腹部触诊时偶然被发现。

大多数猫尿石症初期表现为排尿困难、尿频、尿急、尿淋漓不尽及尿液浑浊。随着病情的发展，患病猫食欲下降，精神不振，腹围增大，排血尿，排尿时表现为疼痛，有的排出细砂样结石。尿石症后期猫咪出现尿闭，膀胱充盈、膨大，此时患病猫不吃不喝，持续呕吐，最终导致急性肾衰竭。

猫尿石症的治疗

猫尿石症有2种治疗方法：一是保守治疗，主要通过改变猫粮结构，减少结石形成。根据诊断出的不同的结石成分，采取不同治疗措施，条件允许的情况下，可长期食用泌尿系统处方粮。二是手术治疗，适用于反复发生尿闭的猫咪，主要有膀胱手术和猫尿道造口手术。最常采用猫尿道造口手术，临床效果更好。

预防猫尿石症

预防猫尿石症要保证日常喂食过程中食物营养均衡，尽可能减少高蛋白质食物的摄入，保证钙、磷含量比例适中。保证猫咪的饮水充足，可以在饮水中添加少量的盐，起到利尿的作用，便于过多的矿物质排出。

不同喵星人健康简析

1. 美国短毛猫——虎斑猫

平时是个捣蛋鬼，给了小鱼干就变成一个小宝贝。

美国短毛猫的体质总体较好，但是部分纯种的美国短毛猫可能携带有心肌方面的遗传病，成年后有一定概率会患有先天性心脏病或心肌炎，公猫的发病率比母猫高。

2. 英国短毛猫——蓝胖子

从此，我负责拍照，你负责卖萌。

英国短毛猫毛发比较茂盛，脱毛情况也比较严重，在换毛的时候可能家里到处都是猫毛。容易由于舔毛产生胃内毛球，要定期食用化毛膏。

3. 布偶猫——仙女猫

猫咪用圆圆的琥珀色眼睛看世界的温柔。

布偶猫容易患先天性心脏病和肾脏疾病。饲养布偶猫要注意科学喂养，不要喂食劣质猫粮，增加猫咪的饮水量。布偶猫胃肠不太好，所以饮食上要注意，防止吃对胃肠有刺激性的食物。

布偶猫是长毛猫咪，有较多的毛发脱落，部分猫咪舔舐，毛发残留在胃肠里。如果不能够及时排出，久而久之会堆积，引起毛球症。增加猫咪梳毛的次数，是预防毛球症最简单的方法，同时定期服用化毛膏防治。

4. 暹罗猫——挖煤工

小猫咪是不可以对谁都摇尾巴的。

暹罗猫易患肾衰竭、过敏性支气管炎。暹罗猫怀孕后易难产，盆腔和尾部骨骼容易出现病变。暹罗猫 6 岁以后易患乳腺肿瘤，绝育可减少发病率。如果不准备生育，第一次发情后，尽快做绝育手术，可以极大降低患病风险。

5. 德文卷毛猫——帝王猫

猫咪总是追自己的尾巴，如同忘不掉日落下的尘埃。

德文卷毛猫毛发较少，皮肤受环境影响较大，怕潮湿，容易患猫癣。德文卷毛猫可能患先天性肌无力和低钾血症。先天性肌无力是常染色体隐性遗传病，全身肌肉无力，不可逆转，无法治愈。低钾血症是常染色体隐性遗传病，表现为阵发性肌无力，可以通过定期补充钾离子来缓解症状。

6. 波斯猫——异国王子

我是你的全世界，你是我的"可爱多"。

波斯猫容易发生多囊肾，导致肾衰竭。由于短鼻易有呼吸道问题和泪腺问题。波斯猫易患进行性视网膜萎缩，影响视力，导致其走路摇摇晃晃，在家里活动经常撞到东西。

波斯猫也是长毛猫咪，要注意经常梳毛，并定期服用化毛膏，预防毛球症。

7. 中华田园猫——战斗力猫

无论你贫富贵贱，猫咪都看不起你。

中华田园猫贪吃，爱吃骨头，不太爱洗澡，这种饮食习惯对猫咪的胃肠并不好。狸花猫——狸猫换太子，橘猫——大"橘"为重，三花猫——颜值担当，奶牛猫——乌云盖雪、墨玉垂珠，这4种猫咪是常见的中华田园猫。

8. 折耳猫——基因突变

猫用尾巴，给它的每个思想写上名字。

折耳猫的特殊结构使其更容易患上一些疾病。由于折耳猫基因是一种病变基因，可能在成年或在往成年方向发展的时候，其他软骨组织发生变异，如腿部关节或尾巴关节，软骨变硬，不能正常弯曲。折耳猫由于其外耳道的折叠结构，容易滋生细菌和真菌，导致耳部感染。

9. 无毛猫——斯芬克斯猫

只要有人喜欢，它就不是没人要的小猫咪。

无毛猫因为没有毛发保护，所以它们的皮肤很容易被划伤，主人要把家里的尖锐物品收起来，以免伤到猫咪皮肤。无毛猫虽然不脱毛，但是它们的皮肤会出油，主人要定期给它擦拭皮肤，注意皮肤保养，预防皮肤病。无毛猫怕热也怕冷，夏季要防止被晒伤，可涂抹一些宠物专用的防晒霜，冬季注意保暖。

10. 加菲猫——卡通猫

悲惨人生中的两个避难所，一是音乐，二是猫。

加菲猫鼻腔很短，容易有泪痕。加菲猫的眼睛经常流眼泪，有很多分泌物，要经常给它擦拭泪痕，否则加菲猫会形成严重的泪痕，不仅影响颜值，而且会影响健康。

11. 埃及猫——法老王猫

猫的眼睛里是一片深不见底的湖泊。

埃及猫常见的疾病有耳螨症、肠道疾病及皮肤病。如果看到猫咪总是用自己的爪子抓挠耳朵，可能是耳螨症。

12. 缅因猫——温柔的巨人

待在猫儿身边，世界就可以变得美好而温柔。

缅因猫容易髋关节发育不良，主要指髋关节的球窝关节发育不正常，表现为跛行、疼痛。口腔溃疡也是缅因猫常见的健康问题之一，需要主人多注意猫咪口腔健康。

缅因猫是长毛猫咪，经常梳毛，定期服用化毛膏，可预防毛球症。

13. 金吉拉猫——人造小公主

幸运的是猫恩准我进入它的生活。

金吉拉猫是波斯猫的一种，也属于鼻腔较短的猫咪，平时比较爱流泪，容易导致泪痕重，不仅影响颜值，而且影响健康。主人平时要勤擦拭它的泪痕，在饮食上也要注意以清淡为主。金吉拉猫有洁癖，喜欢干净的环境。

人兽共患病——守护主人健康

1. 孕妇养猫要慎重

听说猫咪会对孕妇很温柔。

如果家里有人怀孕，为了孕妇和胎儿健康、安全，最好暂时不接触猫咪。如果一定要饲养猫咪，要注意如下事项。

（1）猫咪体检和免疫驱虫　有孕妇的家庭，建议给家养的猫咪做健康检查，主要检查有无传染病，特别是弓形虫检测和体内外寄生虫检查。做好定期的狂犬病疫苗接种，定期进行体内外驱虫，定期对猫咪生活环境和物品清洁消毒。

（2）个人防护　孕期禁止直接接触猫咪的排泄物，处理时需要戴上防护手套，猫咪排泄物要消毒处理，以防止猫咪粪便中的虫卵，特别是弓形虫虫卵传染孕妇。

（3）猫咪室内饲养　不要让猫咪接触外面的流浪动物，以免猫咪接触被感染的老鼠、鸟类或者被污染的食物。不要喂生食，盛放食物的碗要每天清洗。

（4）防止个人受伤　孕妇接种狂犬病疫苗有一定的风险，所以一定要做好防护，避免被猫咪抓伤、咬伤。猫咪吃东西的时候不要去打扰它，发情期和天

气炎热时，猫咪容易发脾气，要尽量远离它。

（5）避免接触流浪猫　流浪猫由于长期在野外生存，身上可能有较多的细菌和病毒，建议孕妇不要接触流浪猫，不要喂食流浪猫。如果要接触，一定要有严格的保护措施。

2 孩子接触猫，家长要注意

孩子和小猫咪都是宝宝，接触时双方家长要注意。

现在的大多数家庭只有一个孩子，没有兄弟姐妹的陪伴。家长们总会想办法为自己的孩子寻找一个合适的"小伙伴"，猫咪就成为家长们的一种选择。孩子和猫咪相处要有一定技巧。

建议4岁以下孩子和猫咪接触时，一定要有家长看护。如果孩子学会与猫咪友好相处，猫咪将会成为孩子生活中一个特殊的"好朋友"。有些孩子故意弄痛猫咪的行为，家长要注意并制止。猫咪也是有感情的动物，既然作为孩子的伙伴被饲养了，就要把猫咪当成家人，告诉孩子猫咪不是玩具，教会孩子如何爱护猫咪，如何与猫咪正确相处。

教育孩子如何正确搂抱猫咪，在搂抱时，还可以轻轻地抚摸猫咪的毛发，这会让猫咪感到舒适、安全。同时要养成良好的卫生习惯，吃东西前要洗手，接触猫咪后也要洗手，不接触猫咪的粪便等排泄物。

猫咪毕竟是动物，有时受情绪影响，会咬伤孩子或对孩子进行攻击，因此孩子与猫咪接触时要做好防护。特别是夏季衣服穿得少，孩子皮肤外露容易被猫咪抓伤。家长要及时修剪猫咪爪子，同时要给猫咪定期接种狂犬病疫苗、定期驱虫。

3. 老年人养猫，不错的选择

老年人养猫，主打精神安慰。

老年人养猫咪对健康有很多益处，可以帮助降低血压，缓解心理压力，改善心理健康，但要注意以下事项。

（1）选择合适的品种 老年人由于身体原因，在养宠时需要选择合适的品种，否则反受其累。猫咪品种要选择性格随和、爱亲近人的，体形不宜过大，容易控制。

（2）保障猫咪健康 猫咪做好狂犬病疫苗接种，定期体内驱虫和体外驱虫，定期检查猫咪是否有皮肤病。避免一些老年人因免疫力下降，而感染人兽共患病。

（3）安全养宠 防止猫咪咬伤老年人，虽然猫咪性情温和，但也不排除受环境刺激而突然失控，这时候老年人就可能被咬伤、抓伤。如果是高楼层，要封闭窗户，防止猫咪掉下去。平时要看护好，防止猫咪走失。

（4）健康养猫 老年人的体质弱，免疫力较低，被传染病感染的概率也更高，所以老年人养猫更要注意卫生清洁，做好传染病的防控工作。建议老年人给猫咪喂猫粮，不要喂人的食物。

4.狂犬病——猫咪也会得

猫咪接种狂犬病疫苗同样重要。

狂犬病是由狂犬病毒引起的人和动物共患的接触性传染病，所有温血动物（包括鸟类）都能感染狂犬病毒，常见动物中，狗是最易感的动物，其次是猫。

狂犬病的临床症状

猫咪患狂犬病的临床症状与狗患病相似，一般呈狂暴型，患病猫发病初期躲在暗处，叫声异常，严重时非常狂暴，会凶猛地攻击人和其他动物，患病猫常从暗处突然跳出咬伤人。

人患狂犬病发病表现为发病前期低热、食欲不振、恶心、头痛、倦怠、周身不适等，继而出现恐惧不安，对声、光、风、痛等较敏感，并有喉咙紧缩感；持续2~4日后，患者逐渐进入高度兴奋状态，表现为极度恐惧、恐水、怕风、发作性咽肌痉挛、呼吸困难、排尿排便困难及多汗、流口水等症状。

预防狂犬病

如果猫咪吃了野鼠、野蛙等携带病毒的野生动物，有可能感染狂犬病毒，所以养猫尽量不要随意散养。3月龄以上猫咪开始接种狂犬病疫苗，

每年都要对猫咪进行加强免疫 1 次。如果发现猫咪被不明来源动物咬伤，为了预防狂犬病，应将被咬伤的猫咪隔离观察，防止其咬人和其他动物。人被猫咪咬伤后，伤口应该用肥皂水清洗，并用 3% 的碘伏消毒，记住人要在被咬伤、抓伤后 24 小时内接种狂犬病疫苗。

5.布鲁菌病——不是感冒

布鲁菌病，不一样的菌，不一样的病。

布鲁菌病是在全球广泛分布的一种动物源性人兽共患病。本病流行范围广，许多动物可以感染发病，还可以传染给人。

布鲁菌病的临床症状

猫咪感染布鲁菌后主要造成自身生殖系统的损害，母猫感染可导致子宫炎、流产、死胎及奶水减少等，公猫感染常导致睾丸炎、附睾丸炎和关节炎等。

人感染后的症状和感冒类似，常被误诊，从而转变成慢性感染，治愈率很低，会造成劳动能力丧失。

预防布鲁菌病

对疑似患病猫应立即隔离，出现布鲁菌病疑似症状，尽快去医院检查。一旦确诊布鲁菌病，需遵循"早发现、早治疗"的原则，切不可拖成慢性病，错过最佳治疗时机。及时处理猫咪粪便，对患病猫污染的场所、物品进行严格消毒。

预防布鲁菌病，主人要加强疾病防护，养成良好的生活习惯，做好家庭卫生清洁消毒。实验人员、兽医和动物看护者等因职业接触有较高的感染风险，更要加强防护和定期检查。

6.猫抓病——剪爪子

猫抓病，从一个名字看出一段得病过程。

猫抓病是通过猫抓挠传染的疾病，是由汉赛巴尔通体感染引起的局部皮肤出现脓包，随后发展成局部淋巴结肿大的猫和人的共患疾病。汉赛巴尔通体为猫抓病的主要病原体，猫咪是主要宿主，尤其是幼猫。感染猫抓病的人，90%以上有猫咪接触史，人被猫抓伤、咬伤、舔过，患病猫口腔和咽部的病原体经伤口或者通过污染的毛发、爪子侵入人体。猫咪和猫咪之间没有发现直接传染的病例，主要怀疑是通过跳蚤传播的。

猫抓病的临床症状

猫咪感染后一般没有明显表现，偶尔可能出现一次性的发热或者食欲减退，随后引起的猫咪菌血症会持续数月甚至数年。

人感染猫抓病大部分没有症状，或者症状轻微而被忽视，少部分人被感染后淋巴结肿大，出现低热、食欲下降、浑身疼痛的症状，淋巴结会有明显的疼痛感，症状持续2个月以上。

预防猫抓病

预防猫抓病主要采取灭蚤措施，由于汉赛巴尔通体在猫咪中流行，主要经跳蚤传播，因此可对家猫定期进行全身清洁，并使用杀虫剂进行灭蚤，限制或减少其外出，切断汉赛巴尔通体的传播途径，从而降低人感染可能性。注意个人防护，在抚摸猫咪后要及时洗手。在与猫咪接触时，注意避免被抓或咬伤，如果不慎被猫咪抓伤，立即用碘伏处理伤口。

7. 猫弓形虫病——经口感染

弓形虫，几乎所有哺乳动物都能感染。

猫弓形虫病是由刚地弓形虫引起的全球流行的人兽共患病。几乎所有哺乳动物和一些禽类均可作为弓形虫的中间宿主，猫咪是弓形虫传播的终末宿主，发挥的作用最大。近年来，我国饲养猫咪的人群日益增多，弓形虫的传播范围更为广泛，加上流浪猫数量的增多，弓形虫的防控显得十分重要。

猫弓形虫病的感染途径

猫咪主要通过患病猫的粪便和捕食老鼠或鸟而感染弓形虫。在室内圈养猫咪相对不容易被感染。宠物猫感染主要通过食用含弓形虫卵囊、包囊、滋养体的肉类，通过消化系统感染，也可通过猫咪皮肤表面破损处、呼吸系统、眼部及胎盘等组织部位接触弓形虫而引发感染。

人感染弓形虫主要经口感染，食入被猫粪卵囊污染的食物和水，与被感染的猫咪共同生活，食入未煮熟的含有弓形虫的肉、蛋或未消毒的奶等均可被感染。人感染后可造成孕妇早产、流产及胎儿发育畸形等。

猫弓形虫病的临床症状

猫弓形虫病急性感染表现为发热，体温在 40℃ 以上，精神委靡、嗜睡、呼吸困难、厌食，或出现呕吐和腹泻症状；慢性感染表现为消瘦、贫血、食欲不振，有时出现神经症状。

如果发现猫咪感染弓形虫，应及时隔离和治疗。人感染后要进行检测并治疗。

预防猫弓形虫病

预防猫弓形虫感染，目前无有效的疫苗，只有采取对感染风险较高的猫咪进行药物预防。同时加强猫粪的消毒处理，接触人员反复洗手消毒，以防食入残留感染性卵囊而被感染。弓形虫主要通过消化道和损伤的皮肤伤口传播，因此在与猫咪玩耍时，要注意自身的安全防护，减少被抓伤、咬伤的可能性。另外，对饲养猫咪定期进行弓形虫检测，发现阳性，及时治疗。

主人应该让猫咪待在家里，而不是"放养"，任其在外游荡。喂猫咪吃熟的食物或者成品猫粮，不让它们在外捕食，以免因为吃了感染的老鼠或鸟类而把弓形虫带回家里。

8. 猫结核病——传染人

结核分枝杆菌是需氧菌，生长缓慢，抵抗力很强。

猫结核病是由结核分枝杆菌引起的人兽共患慢性传染病，其特征是感染后，猫咪逐渐消瘦，组织器官中产生干酪样变性结节，称为结核。

猫结核病的临床症状

猫咪感染结核病可能因舔舐患者（开放性结核病患者）分泌物污染的物品或吸入含结核分枝杆菌的空气而患病。由于猫结核病是慢性病，在相当一段时间内不表现症状，之后出现食欲不振、容易疲劳、虚弱、进行性消瘦，精神不振等症状，肺结核表现为咳嗽（干咳），后期转为湿咳，并有黏液脓性痰。

人感染主要是接触了感染结核分枝杆菌的动物和人而引起的。因结核侵入的部位不同，临床症状表现不一，潜伏期为 4~8 周。其中 80% 发生在肺部，其他部位（颈淋巴、脑膜、腹膜、肠、皮肤、骨骼）也可继发感染。除少数发病急骤外，临床上多呈慢性发病过程。

预防猫结核病

对猫咪定期检疫，发现患病猫及时隔离处理，对于猫舍、猫的用具和猫经常活动的地方要进行严格消毒。严禁结核病患者饲养犬猫。主人应该注意个人防护，如果发现自己与患病猫咪接触过，建议及早进行检查和治疗。

9. 猫钩端螺旋体病——传染性黄疸

钩端螺旋体，常为"c""s"等形状。

猫钩端螺旋体病又称猫传染性黄疸，是由鼠类钩端螺旋体引起的一种急性传染病。该病多因猫咪捕食带有钩端螺旋体的病鼠而感染。

此病一年四季均可发生，夏、秋季为流行高峰。鼠类、猪、猫咪是钩端螺旋体许多菌型的主要储存宿主，甚至终身排菌，污染环境。被污染的草地、稻田、河塘、水沟是十分危险的疫源地，因此常在雨季河水泛滥时引起流行。

储存宿主

猫钩端螺旋体病的临床症状

猫咪大多为隐性感染，长期排菌，临床症状不明显。患病猫体温高达40~41℃，被毛粗乱，眼结膜水肿、充血、点状出血，可视黏膜黄染、颌下和腹下部水肿。尿液呈红色、暗红色或橙黄色，为蛋白尿。少数病例会出现间歇性低温、呕吐、轻度黄疸和血红蛋白尿。一般用抗生素治疗。

人感染后表现为发热、恶寒、全身酸痛、头痛、结膜充血、腓肠肌疼痛等。对孕妇会造成流产、早产等。

预防猫钩端螺旋体病

预防钩端螺旋体病主要在于改善环境的卫生条件、切断传染源、做好灭鼠等工作。钩端螺旋体病是人兽共患病，猫咪会传染给人，尤其是免疫系统受损的人，应注意避免猫咪尿液进入口腔和眼睛。在清理猫砂盆和其他任何受猫尿液污染的地方时，应戴上手套，做好消毒灭菌工作。

10. 猫包虫病——和狗有关

包虫病，属于中医"蛊毒""蛊疫"范畴。

猫包虫病是由棘球绦虫寄生引起的人兽共患传染病。猫包虫病的终末宿主为犬科动物，中间宿主为人、牛、羊、猪等动物，是目前危害较为严重的人兽共患寄生虫病。

猫包虫病的临床症状

猫感染包虫后表现为呕吐、腹泻、精神不振、食欲异常、消瘦、贫血，由于肛门瘙痒，会频繁舔舐肛门或者摩擦肛门，可能出现神经症状，表现为兴奋，四肢痉挛或麻痹。如果大量寄生虫聚积肠道，会导致肠梗塞、肠套叠、肠扭转，可能引起猫咪死亡。

人感染包虫，主要是人与流行区的狗密切接触，包虫虫卵通过污染的手经口而造成感染。狗的粪便中虫卵可以污染蔬菜、水源等。在干旱、多风的地区，虫卵随风飘扬被人吸入，也可能造成感染。早期包虫病患者没有明显症状和体征，随着病程

发展，包虫囊肿逐渐增大，开始挤压周围组织器官而出现症状，肝包虫病常引起肝区隐痛、坠胀不适、上腹饱满、食欲不佳等。

预防猫包虫病

预防猫包虫病，需要对猫咪定期进行药物驱虫，禁止猫咪随意排便，做到及时清理粪便。包虫病猫咪粪便应进行无害化处理，杀灭其中的虫卵。禁止猫咪食用生肉，肉类食品要高温加热后再饲喂。

11. 猫隐球菌病——真菌病

隐球菌，一般染色法不着色，难发现。

猫隐球菌病是由隐球菌感染引起的一种常见真菌病，也是一种猫比犬多发的全身性真菌病。最常见的传染源是带菌的鸟类排泄物，尤其是鸽子粪便。病原菌对上呼吸道的亲和力最高，感染后侵害猫咪的上呼吸道及附近组织，也会感染猫咪的神经系统和皮肤组织。人感染后也会患隐球菌病。

猫隐球菌病的临床症状

猫咪感染此病，早期的典型症状有打喷嚏、鼻塞、渐进性呼吸困难、鼻腔分泌物增多、下颚淋巴结肿大，有一些猫咪在鼻腔一侧或两侧凸出肉

芽样肿块，甚至直接发生面部变形，同时可表现出呼吸喘鸣音。如果治疗不及时，发展到中后期，会出现神经症状，表现为行为异常、共济失调、轻瘫、肌肉痉挛、颈部屈曲、频繁转圈。有时会出现皮肤症状，如局部溃疡、多溃疡结节、

流出脓样物质等，开放性的创伤难以痊愈。

人感染隐球菌病主要侵犯肺和中枢神经系统，也可侵犯皮肤、淋巴结及其他内脏器官。肺部隐球菌感染表现为支气管炎和支气管肺炎，有咳嗽、咳痰、咳血及胸痛症状，有时伴有高热及呼吸困难。中枢神经系统隐球菌感染表现为间歇性头痛，并局限于额部，颅压升高，头痛加剧，伴有呕吐，出现各种神经症状。

预防猫隐球菌病

预防猫感染隐球菌病，注意家庭环境卫生和保健，防止吸入含隐球菌的尘埃，尤其是远离带有病菌的鸽粪。如果猫咪不健康或免疫力低下，患这类疾病的风险大大增加。可通过喂食营养全面的优质猫粮、减少猫咪压力及应激事件等，提高猫咪身体抵抗力及免疫力；同时患病猫和可疑感染猫咪必须隔离观察，猫舍应定期清洁和消毒，避免长期使用类固醇皮质激素和免疫抑制剂，减少诱发因素。

12 猫蛔虫病——肚子里的蛔虫

小时候吃的打虫子药，主要打的是蛔虫。

蛔虫可寄生于猫和其他猫科动物小肠中，是一种常见猫寄生虫，常引起宿主猫发育不良、生长缓慢、呕吐、下痢等症状，严重时可导致死亡。

蛔虫虫卵随猫粪便排出体外，在适当的条件下，经一段时间发育为感染性虫卵，污染食物、饮水等。当猫咪吞食感染性虫卵后，幼虫在小肠内发育，移行至肠壁、肺、气管，经咽部吞咽，又回到小肠内发育为成虫。老鼠是蛔虫的传递宿主，猫咪吃了这种老鼠亦可感染蛔虫病。

猫蛔虫病感染人的途径

人如果接触了有蛔虫卵的猫咪粪便，没有及时洗手，用手直接接触食物，就会感染蛔虫。因此，在接触猫咪的排泄物后，要及时将手洗干净，避免猫咪身上的寄生虫传染给人。

预防猫蛔虫病

预防猫蛔虫病要保持环境、猫舍、食具、食物的清洁卫生，猫咪定期进行粪便检查，及时驱虫治疗。每年春、秋两季各进行一次驱虫。加强饲养管理，可通过日光浴等方式增强猫咪抵抗力。

13. 猫绦虫病——不仅是腹泻

绦虫，又名白虫病，很像带面。

猫绦虫病是指多种绦虫寄生于猫咪的小肠中而引发的一种寄生虫疾病。

猫绦虫病的临床症状

猫咪轻度感染的情况下，一般没有症状，但在粪便中或者肛周围黏着类似白芝麻的节片，或者在环境中发现绦虫节片。猫严重感染后，表现为呕吐，有时可能在呕吐物中发现绦虫。如果猫咪的呕吐物里有扁平、会蠕动的小虫子，基本可以确定感染绦虫。

猫绦虫病是人兽共患病，如果主人不注意卫生，病从口入，就会被感染，主要表现为消化不良、腹部疼痛、恶心、呕吐、腹泻、体重减轻，严重时出现头痛、癫痫等症状。

预防猫绦虫病

预防猫咪绦虫，及时做好体内外驱虫，注意定期预防蚤虱感染。环境保持干燥、卫生，需要定期打扫消毒猫咪的生活环境，杜绝各类寄生虫的入侵。接触猫咪后要勤洗手，不要喂给猫咪生鱼、生肉、生虾等食物。

14. 猫钩虫病——贫血

钩虫，钩状口器，能锚定在肠壁上。

猫钩虫病是指由钩虫属中任意一种钩虫感染引起的以贫血、消化功能紊乱及营养不良为主要特征的寄生虫病。钩虫主要经口和皮肤感染，经口是猫咪的主要感染途径。经口感染后，幼虫侵入肠黏膜和肠腺内，再经数天后重新返回肠腔内变为成虫。

猫钩虫病的临床症状

成年猫感染钩虫大多不会有临床症状，但也有部分猫表现为持续性消瘦、喜卧、毛发无光泽、腹泻、呕吐、贫血等，有一些猫咪会表现为食量增加，但体重下降。钩虫常寄生于猫咪小肠，易引起血便或贫血。

人感染猫钩虫病，多数不表现明显临床症状。感染幼虫临床表现主要是钩虫性皮炎的皮肤症状，以及咳嗽、咳痰等呼吸系统症状。感染成虫临床表现主要包括贫血和肠黏膜损伤，少数患者出现上消化道出血或精神异常。

预防猫钩虫病

预防猫咪感染钩虫，可采取如下措施：保持环境卫生，勤打扫，及时清理猫咪粪便，定期驱虫，建议 3 个月 1 次体内驱虫，6 个月 1 次体外驱虫；定期消毒，每个月 1 次，用消毒药水经常喷洒猫咪活动的场所，以杀死幼虫；猫咪室内饲养，避免室外散养，由于老鼠为常见传染源，猫咪室外饲养容易感染钩虫；不要让猫咪接触生肉，因为生肉中可能含有寄生虫，如果猫咪吃了生肉，容易感染钩虫病。

15. 猫旋毛虫病——肌肉疼痛

旋毛虫，弯曲似螺旋状的虫子。

猫旋毛虫病是一种人兽共患寄生虫病，犬、猫、人均可发生。成虫寄生于动物的小肠和横纹肌内，可引起寄生虫性肠炎，幼虫寄生于动物骨骼肌形成包囊，导致全身肌肉疼痛、呼吸困难和发热等症状。猫咪经口吞食含有旋毛虫包囊的生肉而感染。鼠的感染率较高，是主要传染源。

猫旋毛虫病的临床症状

猫咪轻度感染一般无症状，重度感染根据旋毛虫发育阶段不同，其症状亦有差异。感染初期，吞食含旋毛虫的肉1周，出现肠炎症状，体温升高、腹痛、腹泻、呕吐等。感染后1~6周，有厌食、消瘦、肌肉疼痛、呼吸困难、水肿、低热和嗜酸性粒细胞计数升高等症状。

人感染后主要表现为发热、水肿、皮疹、肌肉痛等。发热以弛张热或不规则热为主，多伴畏寒。水肿主要发生在眼睑、面部。皮疹多伴发热出现，多发于背、胸、四肢等部位，同时全身肌肉疼痛、乏力。

预防猫旋毛虫病

预防猫旋毛虫病，要加强消毒，猫旋毛虫病主要通过含旋毛虫的肉类传播，70℃以上能杀死包囊内的幼虫，所以人、猫在食肉过程中要高温煮熟。需定期对猫咪进行药物驱虫。要消灭鼠类，并将其尸体进行无害化处理。用以食用的生肉必须经过卫生检验，证明无旋毛虫才可喂食。

16. 猫隐孢子虫病——喜欢十二指肠

隐孢子虫，体积微小的球虫类寄生虫。

猫隐孢子虫病是由猫隐孢子虫病原体或微小隐孢子虫病原体感染的疾病，病原体常寄生于猫咪小肠中的十二指肠部位，很少发生小肠以外组织的感染。如果幼猫误食母猫粪便或呕吐物，也可能会感染猫隐孢子虫病。

猫隐孢子虫病的感染途径

猫隐孢子虫病属于人兽共患病，可以传染给人，猫咪通过粪便把隐孢子虫排出体外，人误食被该粪便污染的食物或者水可能会感染猫隐孢子虫病。患病猫呕吐物中也可能携带隐孢子虫病卵囊。患有艾滋病等免疫抑制疾病或年龄较大的人，感染猫隐孢子虫病的概率会提高。

猫隐孢子虫病的临床症状

猫咪患隐孢子虫病的常见临床症状有厌食、失重（体重减轻）、腹泻（慢性、间歇性），进而导致身体脱水、免疫力下降、身体虚弱，引起并发症。

人感染隐孢子虫后，如果免疫功能正常，主要表现为急性胃肠炎，带黏液的水样腹泻，腹痛明显，伴有恶心、呕吐、低热及厌食等症状；如果是免疫抑制疾病的患者感染后，可表现为慢性腹泻，排出带黏液的水样便，并伴有呕吐、腹部痉挛、体重减轻等症状，病程可长达数月。

预防猫隐孢子虫病

猫隐孢子虫病重在预防，主要采取措施有：第一，保证猫咪饮食、饮水卫生安全，防止病从口入。提倡饮用开水，定期消毒，降低猫咪患隐孢子虫病风险；第二，多猫家庭，如果家中已有猫咪患隐孢子虫病，需进行隔离处理，隐孢子虫病一般会通过粪便或呕吐物传播，对患病猫粪便及呕吐物需小心处理，防止感染；第三，消毒处理，65℃以上可杀死隐孢子虫卵囊。

17. 猫沙门菌病——吃生肉感染

吃生肉、生腌海鲜，可能感染沙门菌。

猫沙门菌病是一种急性传染病，被感染的猫咪长时间或间歇地随粪便排出病菌，污染水、环境、用品和食物，并直接或间接传播给其他猫咪。

一般圈养宠物常因食用未煮熟的生肉而感染，散养宠物则因食用腐肉或粪便而感染。因此，在养猫过程中一定要做好日常防疫、卫生消毒工作。猫沙门菌病总体死亡率不到10%，多数3~4周后可恢复，部分转为慢性感染；但幼猫在发病时死亡率高达61%，痊愈后仍可携带病菌6周以上。

猫沙门菌病的临床症状

猫沙门菌病是人兽共患病，感染潜伏期一般为3~5天。患病猫体温升高，食欲减退，呼吸急促，精神沉郁，呕吐，剧烈腹泻，排出带有黏液的恶臭、血样稀便，易因严重脱水、虚弱而休克，甚至死亡。亦有少数转为慢性，临床可见间歇性或顽固性腹泻，身体消瘦。人感染表现为腹痛、腹泻、呕吐、发热等。

预防猫沙门菌病

严格控制患病猫和健康猫的接触，对被污染的环境和用具彻底消毒、杀菌。消毒是预防和切断传染疾病传播的有效途径。家里猫砂盆、猫碗和水碗每天清理消毒，及时清理剩菜剩饭，保持家居环境干燥。

18. 猫癣——环境消毒要彻底

一圈两圈三圈，圈圈脱毛有皮屑。

猫癣是一种真菌性皮肤病，主要由犬小孢子菌、须毛癣菌、石膏样小孢子菌等感染导致。

猫癣的感染途径

环境传染：猫咪通过环境中具有传染性的真菌孢子而感染癣菌。毛发或皮屑传染：通过被感染的毛发或皮屑传染给其他动物。物品传染：被感染动物接触过的物品，包括床品、梳子、笼子等都可能成为传染源。猫癣在营养不良、环境卫生条件差或者大量动物同居在拥挤环境的情况下易出现。

猫癣的临床症状

猫咪患有猫癣后，感染部位会出现脱毛、鳞屑、红斑、结痂、湿疹等现象。由于瘙痒，猫咪会抓挠，可能会导致皮肤溃烂、脓肿，临床诊断常通过伍德氏灯检查。

猫癣具有传染性，尤其是孩子、老年人等免疫力低的人群，更容易被传染。人感染猫癣后会出现环状的红斑，边缘略隆起，有细小鳞屑，并且具有一定的瘙痒感。搔抓之后，患处可能出现破溃、点状糜烂、液体渗出或结痂等症状。

预防猫癣

购买或领养猫咪，一定要检查猫咪是否有猫癣，防止猫癣感染人。一旦发现家里的猫咪得了猫癣，要及时带去宠物医院诊治。

感染了猫癣的人，注意与家里其他成员保持一定的距离，不彼此接触，衣物不混洗，餐具分开。

猫咪的居住环境要保持通风、干燥，定期对猫咪的居住环境和喂食餐具等进行清洁消毒杀菌，防止猫癣真菌大量繁殖。给猫咪补充维生素，提供营养丰富的食物，提高猫咪自身免疫力。让猫咪多晒太阳，保持皮肤干燥，避免真菌繁殖。最好把猫窝安置在每天有一定时间阳光直射的地方，阳光里的紫外线能有效杀灭病菌。

第四部分

喵星人在农村或城市

城市的"治愈喵"

1. 独居养猫须知

岁月静好，只因有"喵"。

越来越多的独居青年成为饲养猫咪的主力群体，他们由于工作压力大，生活寂寞，为了丰富自己的生活，选择饲养可爱的猫咪。对于第一次养猫的独居青年，有什么要注意的呢？

（1）猫咪性格大多温顺，比较黏人，好奇心强，会到处乱爬，窗户有必要安装纱网，防止猫咪跑丢。

（2）桌子上的杯子很容易被猫咪蹭翻，建议放在安全的位置。

（3）外出不回家时，确保家里有水、猫粮供应。

（4）室内饲养，如果猫咪胆子比较小不建议带出去遛弯，会受到惊吓，产生应激反应，引起各种疾病。

（5）要定期给猫咪剪爪子，防止被抓伤。

（6）学会护理，猫咪半岁后开始换毛，主人每天回来撸它的时候，用猫梳给它梳毛。

（7）给猫咪及早进行绝育手术，防止猫咪发情走失和影响休息。

（8）给猫咪免疫驱虫，幼猫需要接种狂犬病疫苗和猫三联疫苗，同时定期驱虫。

（9）训练猫咪大小便，学会正确处理猫咪粪便。

2 猫咪何时绝育最好

绝育——疼痛一时，幸福一生。

绝育可以避免猫咪发情而发出大叫声音，也可以预防猫咪离家出走。猫咪做绝育的最佳时间是在7~9月龄。猫咪在6月龄达到性成熟，9月龄左右开始第一次发情，发情时猫咪会出现随意小便、性格暴躁等现象。在这期间，给猫咪进行绝育手术，公猫绝育是摘除睾丸，母猫绝育需要把子宫和卵巢同时摘除。绝育手术最好选择在春、秋季进行，有助于猫咪伤口愈合。

绝育之前还要关注猫咪的健康情况，如果猫咪身体不适，出现呕吐、腹泻等情况，是不适合做绝育的。在正式绝育前，要给猫咪禁食，以免绝育手术麻醉后猫咪呕吐。

母猫发情时，不建议做绝育手术。母猫发情时生殖器官会大量充血、血管扩张，此时做绝育手术容易导致大出血，增加手术风险。可以等母猫发情后1周左右再进行绝育手术。处于哺乳期的猫咪不建议绝育，这时猫咪免疫力比较低，而且还有幼猫需要哺乳，子宫也没有完全恢复，手术有大出血的风险，伤口也不容易愈合，建议哺乳停止后2周左右再给母猫做绝育手术。

手术后要给猫咪戴上伊丽莎白圈，防止猫咪舔舐伤口，伤口不可以沾水，不然有感染的风险。正常情况下，做完绝育手术的猫咪在1周后基本痊愈。

3. 猫咪老推桌子上东西怎么办

小猫咪手欠怎么办？忍着呗。

猫咪老推桌子上东西是天性，很难改正，原因有 3 点。

（1）猫咪好奇心　猫咪是求知欲比较强的动物，在它们的认知里，万物皆可碰。如果想接触物品，势必要用爪子去感受一下，如果碰巧物品在桌子的边缘，会很顺理成章地将东西推下桌。

（2）想引起主人的注意　当主人将猫咪晾在一边，猫咪会无聊，它会想引起主人的注意力，会制造一些声响，比如将东西推下桌。

（3）与主人互动　当猫咪发现，只要将东西推下去，主人就会过来捡起，它会觉得这种互动很好玩。

因此，要将桌上的贵重物品和易碎品收起来，放进柜子里，或者不让猫咪进入房间，不给它捣乱的机会。同时给猫咪多准备一些轨道球、不倒翁之类的互动式玩具。

4. 猫咪独自在家会孤单吗

猫咪的孤单是一只喵的狂欢。

猫咪每天在家里除了吃饭、上厕所，其他大部分时间都是在睡觉，有时候还会望向窗外，每每看到这里，主人会觉得猫咪很孤单。猫咪到底孤单吗？

（1）猫咪的天性决定不会孤单　猫咪是一种警惕性很强的动物，它们有着强烈的地盘占领欲，所以在天性上它们更倾向于独居，如果生存比较困难时，它们也会趋向于群居。就像一块地盘的流浪猫比较多，便会形成一个联盟，排斥新进入的猫咪，守护自己的地盘。家养的猫咪因为活动区域比较有限，所以更喜欢独居。

（2）异常表现不是孤单　猫咪喜欢独居，不代表其不需要社交，猫咪的世界里主要的社交对象就是主人。如果主人忽略了猫咪，猫咪会出现一些异常反应，但不是猫咪孤单表现。

（3）预防抑郁症　虽然猫咪是独居动物，不会感觉到孤单，但是一成不变的生活也会让它感觉到无聊，猫咪可能患上抑郁症。如果猫咪表现不像以前活泼，开始变得无精打采，每日大部分的时间都在睡觉甚至因为压力大开始不停地舔毛，使毛发变得粗糙、暗沉和稀少，可能是抑郁症。猫咪会随意小便，把猫砂盆当摆设，在家里过度地破坏家具。建议每天都要陪猫咪互动，或者给它一些玩具，让它开心一点。

5.宠物监控有用吗

上班时候看看监控里的小猫咪，"云吸"撑到下班。

随着饲养宠物数量快速增长及宠物各类产业飞速发展，宠物智能监控技术水平得到极大程度地提高。随着宠物智能网络的发展和家庭条件的改善，有必要装一个监控器满足宠物和主人的互动要求，避免宠物单独生活在家里，出现抑郁症。

宠物智能监控技术在宠物喂食器、宠物项圈等现有产品的基础上，融合移动互联网相关技术，宠物主人可通过移动终端远程控制宠物的喂养，监控宠物的异常行为及健康状况，实现与宠物的远程交流与互动，满足宠物主人的心理与情感需求。这种远程监控可以时刻观察家中宠物的动态，避免主人因为工作或出差无法照料宠物而带来的焦虑，同时可以更好地实时动态观察宠物的实况。

6. 宠物电子标识是什么

有了这个电子标识，我才是你的喵。

宠物电子标识是一种埋置在宠物皮下来标识宠物及宠物属性的具有存储和个体辨别能力的射频标识，也称电子芯片，是宠物的电子身份证。

宠物电子标识适用于宠物犬、宠物猫或其他畜牧业动物识别，采用符合生化医用的材料和工艺生产，约为米粒大小，具有无毒、无害、抗游离、抗重力等特点。宠物电子标识的环境适应性好，不易被损坏，对于宠物不会产生不良反应。

宠物电子标识可以记录宠物的名字、性别、品种及毛发颜色等信息，且一般通过专用注射器植入颈部皮下。宠物电子标识的记录为一串国际唯一的数字编码，只有经过授权的人员才能通过专业的设备来读取该编码，并连接相关部门的后台系统获取宠物的信息，因此宠物电子标识具有很高的安全性，不会泄露主人的隐私信息。

7. 多猫家庭，猫咪为啥老打架

多猫家庭总有一只沉稳的"大咪"、一只活泼的"小咪"。

猫咪打闹的现象在多猫家庭里十分常见。猫咪之间打架的原因有以下4点。

（1）猫咪的领地被占有　往往是家里来了新的猫咪引起打闹。

（2）玩耍性攻击打架　这是猫咪之间表达亲密感、好感的一种方式。猫咪之间打架，也是表达感情、释放精力的方式。

（3）母猫发起的攻击打架　母猫在哺乳幼猫的阶段，会表现出攻击行为。

（4）争夺食物的攻击行为　猫咪也存在护食的行为，会对身边猫咪发起攻击，这是猫咪想要独占食物的表现。

需要结合多方面情况综合判断猫咪是在玩耍还是打架。室内家养猫咪，打架最常见的原因是有新的猫咪加入，领地冲突。可以对猫咪进行绝育手术，以及把猫碗、水碗、猫砂盆、猫窝、猫爬架分放在不同房间，来分散猫咪注意力。

奖励猫咪间的友好行为，初期多用称赞和抚摸。

8.如何找到靠谱的宠物医院

宠物医院是对猫咪最后的保障。

宠物生病或需要体检、免疫等情况，必须选择一家宠物医院。可以参考以下方面，找到相对靠谱的宠物医院。

（1）持有动物诊疗许可证　正规的宠物医院都具有当地兽医主管部门统一发放的动物诊疗许可证，要在有效期内，要公示。不要选择一般宠物店或其他不具有宠物诊疗资格的机构。正规的宠物医院拥有一定量的执业兽医，会一同公示，包括公示诊疗服务项目和各类服务价格。

（2）有齐全的诊疗设备　设施和环境成为衡量医院是否可靠的硬件指标，可靠的医院应有生化仪、血常规、DR、B超等检查设备，医院内部有合理的布局。

（3）有规范的清洁消毒措施　环境清洁，有严格的消毒措施，保障宠物不会交叉感染。

（4）有良好口碑和信誉　选择服务好、价格合理、有爱心的宠物医院。

（5）有较好的诊疗水平　执业兽医都有擅长的专业领域，了解兽医的特长，这样可以更好地为自己的爱宠减少痛苦，尽快恢复健康。大部分兽医都受过专业培训，并积累了丰富的临床经验，值得信赖。可通过网络、媒体或宠友介绍，事先电话询问或亲自考察，感受宠物医院的环境和了解兽医的水平。

9. 搬家如何避免猫咪应激反应

适者生存，不适的小猫咪有主人罩着。

猫咪搬家到一个新的环境，都会有一些应激反应。如果处理好，很快能恢复正常；如处理不好，会引起一系列猫咪健康问题。

搬家时，为避免猫咪出现应激反应，可以采用如下方法。

（1）营造环境　给猫咪单独、安静的房间，越小越好，房间大对猫咪有压力。另外，猫咪的嗅觉非常灵敏，新的环境的气味跟原来的不同，会使它不安，可以把原来使用的猫碗、逗猫棒、猫窝等物品带到新的环境中。

（2）交流关心　搬新家后要时刻观察猫咪的状态，猫咪开心时，可以尝试去抚摸它，给它梳理毛发，让它放松戒备。如果猫咪表现得很紧张，可多陪伴或抚摸它。多同猫咪交流可以帮助它减轻紧张感，让它放松下来。

（3）增加食欲　换了环境，不要轻易更换猫粮，如果猫咪不吃猫粮，可以用营养膏增加食欲，或者喂食猫罐头。可以喂食猫薄荷，使猫咪放松。

（4）一起互动　用猫咪喜欢的玩具或逗猫棒一起互动，解决猫咪紧张的情绪，但不要频繁地逗玩，避免因过度劳累而加重猫咪的应激反应。

10. 猫咪会认主人吗

猫主子是不会屈服于任何人类的，有吃的人除外。

猫咪一般来说没有固定的主人，如果和一个人相处下来关系不错，就会认他为主人。

猫咪认定主人是根据谁照顾和喜欢他的程度决定的。据统计，在家里如果男女主人喜欢和照顾猫咪的程度相同，猫咪可能会更喜欢男主人，因为猫咪通过气味识别陌生人。男性很少化妆，味道基本不会改变。但是大部分女主人每天都会化妆，甚至喷香水。在猫咪眼里，女主人的气味每天都在改变。

如果男女主人照顾和喜欢猫咪的程度不同，一般是谁陪伴和照顾猫咪多一些，猫咪会喜欢谁多一些。如果猫咪跟主人不亲，可以尝试多跟猫咪互动，多照顾猫咪，和猫咪说话时，语气温柔且平缓一些，这样猫咪会更愿意亲近主人，认定主人。

猫咪对人的友好有很多的表达方式，猫咪会在主人裤子上蹭留下它的气味，以此来识别主人。只要主人多陪伴它，它就会对主人表示友好。

11. 猫咪养不了怎么办

被人抛弃的猫咪也曾是谁的小宝贝。

如果由于各种原因，养不了猫咪，绝对不能抛弃猫咪，让它成为流浪猫，可以采取以下方法。

（1）送给亲戚朋友　把猫咪交给亲戚朋友照顾，会比较放心。

（2）在网上发布领养猫咪的启事　喜欢猫咪的人就会主动询问领养事宜。

（3）在小区楼下的告示栏粘贴公告　看同小区的人有没有愿意领养的。送给同小区的人，也会比较放心，想猫咪还可以直接上门去看看。

（4）寄养中心寄养　如果最后没有人收养，可以找合适的地方寄养，定期去探视。

12 猫咪寄养难题

寄养中心和酒店一样，要安全、可靠、专业、实惠。

猫咪被送去寄养，应当注意如下事项。

（1）了解寄养中心情况　主人应该亲自到寄养中心进行全方位的考察，确保寄养中心环境舒适整洁，笼子要干净，空气要流通，消毒必须有效，没有生病宠物。同时了解寄养中心的人员是否专业，是否有爱心。

（2）保持猫咪健康　核对猫咪接种过的疫苗是否在寄养期间过期失

效。如果过期了，要加强免疫 1 次。免疫后，要在家里饲养 2 周再送去寄养中心，确保猫咪在寄养期间不会感染相关疾病。

（3）沟通交代　在猫咪被寄养后，由于生活环境和护理人员的改变，可能会使猫咪难以适应，作为猫咪的主人，要向寄养中心交代清楚猫咪的生活习性、饮食习惯、固定排泄时间、固定进餐时间、喜欢的玩具等，以便猫咪得到较好的护理。

（4）签订寄养协议　正规的寄养中心会要求双方签订寄养协议书，作为消费者，应该看清楚寄养协议书条款，检查协议中是否有隐性消费，寄养期间与寄养到期后的各项责任义务等都要清楚、仔细。

13. 猫咪可以乘坐公共交通吗

本喵星人不屑于坐车。

各市公共汽车和电车乘坐规则规定禁止携带活禽以及猫、狗（导盲犬、军警犬除外）等动物乘坐公共交通工具。《上海市养犬管理条例》规定禁止携带犬只乘坐公共汽车、电车、轨道交通等公共交通工具，不听劝阻的，由公安部门责令改正，可以处二十元以上二百元以下罚款。携带犬只乘坐出租车，应当征得出租车驾驶员的同意。

公共交通属于公众场合，空间较小，人员密度较大，如果乘客携带宠物上车，会给他人带来

不适，严重时甚至会导致一些乘客过敏。此外，有些宠物比较活泼，可能会给他人人身安全造成威胁。携带猫咪乘坐出租车，应当征得出租车驾驶员的同意。乘坐飞机时，猫咪需要放进笼子里，和随身行李一起被安置在行李舱，主人应该在登机前办理检疫证明。猫咪乘坐火车要办理托运，并提交检疫证明。

14. 带猫咪自驾游

世界那么大，狗狗都去看了，猫咪也要去。

主人带猫咪自驾游要先计划所需时间，根据时间准备足够猫粮和猫砂，并带上猫砂盆、猫零食。在休息站停车时给猫咪喂食一点猫粮和水。一般猫咪在行车途中不会吃东西，但会喝水，也会因为情绪紧张使用猫砂盆。

猫咪有晕车的可能性，开车之前的 10 小时左右，不要让猫咪吃东西，只能喝一点水，在车里准备一个垃圾袋，一些湿巾、纸巾，预防猫咪晕车呕吐。也可以给猫咪准备一些猫薄荷，猫咪在吸食猫薄荷的时候，能够调动猫咪的神经系统，让它获得短暂的快乐，帮助其改善晕车和害怕的情绪。

为确保安全，行车途中，猫咪最好放在硬质航空箱内，并用安全带固定住，避免因刹车出现撞击危险。航空箱一定要足够大，猫咪可以转身、站起来、躺下。车内要保持舒适的温度，不要太冷，也不要太热。航空箱需放置在汽车车厢内，不能放置在后备箱。如果车里没有人，不可以让猫咪独自待在汽车内，封闭的车里温度会上升得非常快，易引起猫咪中暑。

15. 带猫咪出省市也要办手续

猫咪也有猫情事故，也要看看姨姨、姥姥。

根据《中华人民共和国动物防疫法》《动物检疫管理办法》和各市动物防疫条例等相关法律法规规定，需携带宠物跨省市的，不论是采取自驾还是公共交通托运等方式，均需在出发地相关动物检疫部门申报检疫，并取得动物检疫合格证明后，方可实施调运。

以上海为例，如果想带猫咪一起离沪，就需要申请办理动物检疫合格证明，中心城区由各区市场监督管理局办理，涉农区由各区农业农村委员会执法大队办理。申请时需要提供包括免疫证明在内的相关资料，具体可向办理机构咨询。其中，免疫证明应由政府指定或认定的犬只狂犬病免疫点出具，并且在免疫接种后超过21天到1年方可办理。出具的动物检疫合格证明，犬、猫为一宠一证。动物检疫合格证明有效期不超过5天，从出证当天算起。宠物主人应留意相关证明的有效期，规划好出行时间。

16. 带猫咪出境注意

异国他乡，幸好有猫咪陪伴。

如果猫咪主人要去境外留学、工作或出国定居，需要携带猫咪一起出境，要注意些什么呢？

（1）提前准备　宠物携带人应当在出境前1~2周准备好以下相关材料：宠物携带人身份证明、宠物需植入电子芯片、狂犬病疫苗接种证书、狂犬病疫苗免疫抗体检测报告、输入国家(地区)要求提供的相关证明资料。因不同国家（地区）对于入境宠物的检疫要求不同或会有变更，为避免因

资料手续不全而导致宠物不能正常入境的情况，建议携带宠物出境前先向输入国家(地区)咨询确认具体检疫要求。

（2）现场检疫　携带人或代理人应当在出境前7天内前往所在地海关申请现场检疫获得动物卫生证书。

（3）植入电子芯片　宠物植入的芯片须符合相关国际标准。如芯片不符合上述标准，携带人应自备可读取所植入芯片的读写器。

17. 有关猫咪的保险

猫咪保险，为爱猫加一份保障。

随着宠物数量的增多，宠物经济快速发展，带动了宠物保险行业需求。宠物与人一样，也会有患疾病及遭遇意外的风险。宠物医疗救治的费用是

一笔不小的开销，保险可以为宠物主人分担一部分经济压力。中国的宠物保险，在 2010 年前后开始出现，目前市场处于发展和不断完善中，预计中国宠物医疗保险市场规模还将不断扩大。

国内提供宠物保险服务的企业主要有：中国人民保险、太平洋保险、大地保险、阳光保险、平安财险等。宠物保险种类有：宠物第三者责任险、宠物医疗保险等各类险种。宠物医疗险是指针对宠物生病，进入宠物医院治疗所产生的费用进行理赔的保险。这类产品主要覆盖宠物治病、手术产生的费用，可以减少宠物主人的经济压力。

18. 举办猫咪葬礼

不仅是一场仪式，更是对猫咪一生的思念。

宠物用短短十几年的生命，给予许多人温暖与陪伴。为宠物办一个体面又温暖的葬礼，成为一些养宠人士的需求。宠物殡葬师也应运而生。

家养猫咪去世后，建议采用无害化的火化处理，相对来说比较环保。火化后的骨灰可以装入骨灰罐里，猫咪的骨灰体积非常小，可以选择一个精致好看的宠物骨灰罐装进去。骨灰罐可以封存摆放在家里，或寄存在比较放心、可以吊唁的固定场所。猫咪葬礼可根据主人的意愿在线上或线下举办。

19. 猫咪尸体处理

火化大概是主人能为猫咪做的最后一件事。

宠物离世后的处理是主人们不得不面对的事情。现在有些宠物主人会选择将离世的宠物土葬，土葬承载了传统入土为安的观念，也延续了宠物与主人之间的羁绊。但因为城市建设规划及道路改造在不断进行，并不能确认很多建筑或土地的维持年限，或许今天的树林草地，数年后就变作高楼大厦，所以土葬并不是一个可以真正安心的选择。另外，有一部分猫咪是因为传染病去世的，没有经过专业防疫处理的土葬可能导致传染病传播，会危害到其他动物和人的安全。所以土葬已经越来越不提倡，无害化处理逐渐成为主流方式。

宠物无害化处理应选择法定的宠物火化机构。以上海市为例，上海市动物无害化处理中心是上海市目前唯一一家专业处理各类动物及动物产品的公益性事业单位，可以为死亡猫咪提供火化服务。

农村的"村霸喵"

1. 养猫防鼠的历史

狸奴工作汇报：今日抓老鼠2只，跑掉1只。

据记载，魏晋以前人们甚少养猫防鼠，而是养狗来防盗、防鼠。到了北魏，养猫防鼠已经蔚然成风，时间再往后推，到了隋唐，人们生活中已经越来越离不开猫咪。宫廷里出现"狸奴"这种专业职位，狸奴就是猫咪，专门承担皇宫的防鼠工作。与此同时，又因为它们温柔、善解人意、乖巧、爱干净，猫咪渐渐成为人们的宠物，甚至在给皇帝进贡的贡品中，已经出现温顺、可人的猫咪。

现在农村中，许多农民养猫的目的有所不同。农民知道，猫咪能够捕捉田鼠，保护禾苗，对于保护农田作物是有积极作用的。特别是田鼠多的地方，要想消灭田鼠，几乎没有比养猫更好的办法。在一些农村中提倡养猫，具有重要意义。

2 狸花猫——中国本土战斗力最强的猫

打架、抓老鼠还要靠本地狸花猫。

狸花猫的祖先是狸猫，狸猫是一种野外生存能力超强的猫，属于肉食动物，最厉害的技能是爬树、奔跑，特别适合在森林里生存。狸花猫继承了祖先的优点，也是一种四肢强劲有力、肌肉特别发达的猫，一般它的脖子特别短，躯干很粗壮，是中华田园猫中战斗力最强的猫。

狸花猫是中国本土猫咪，性格特立独行，和人类的关系也不会像别的家猫那样难舍难分，不会太黏人。成年狸花猫的智商相当于3~4岁的孩子，属于动物中高智商范畴。

狸花猫带有最原始的野性，身手敏捷，除了是抓老鼠的高手，在面对蛇时也能毫无畏惧。如果生活在农村，想养一只抓老鼠的猫，可以选择狸花猫。

3 猫咪有"九条命"吗

喵星人不是有九条命，只是热爱这个世界。

猫咪的生命力顽强，但不是真的有九条命。那为啥很多猫咪看着受了很严重的伤，却不久又生龙活虎？

猫科动物除狮子外都是独居的食肉动物，为了能单独捕猎，它们个个练就一身好本领。猫咪有发达的平衡系统和完善的机体保护机制，当猫咪从空中掉落时，即使开始时背朝下、四脚朝天，在下落过程中，总是能迅速地转过身来，接近地面时，前肢已做好着陆的准备。猫咪脚趾上厚实的脂肪肉垫，能大大减轻地面对猫体反冲的震动，可有效地防止震动对脏器的损伤。猫咪的尾巴也是一个平衡器官，如同飞机尾翼一样，可使身体保持平衡。

猫咪四肢发达，前肢短，后肢长，有利于跳跃。其运动神经发达，身体柔软，肌肉韧带强。猫咪的神经系统有自我修复功能，遭到重创之后，一般不容易死亡，只要能有机会歇息，仍能缓过来。可见，猫咪的生命力是十分顽强的，因此民间才会有"猫有九条命"的说法。

4. 散养猫咪如何喂养

本喵就是爱自由，根本停不下来。

农村养猫几乎都是散养，随着农村城市化、农民职业变化、经济收入增加，把猫咪当作宠物饲养的家庭越来越多。

在外面散养的猫咪，需要定期洗澡和梳理毛发，并进行驱虫，避免将寄生虫带回家中。散养的猫咪要注意安全，避免发生意外，不然轻则受伤骨折，重则死亡。

农村散养猫咪，容易在发情时配种怀孕，所以提倡及早给猫咪做绝育手术，防止过度繁殖。农村养猫大多喂的是剩菜、剩饭和鱼肉骨头，会伤害到猫咪的肠胃。散养猫咪也很可能在外面因为吃了不干净的食物，出现呕吐、腹泻等症状，或感染、携带各种病原体和体内外寄生虫，人直接接触后，会对人体造成危害。

农村散养猫咪，每年接种狂犬病疫苗1次，体内和体外驱虫各2次。最好提供猫粮，如果吃人的剩菜、剩饭，一定要进行高温消毒处理，夏季要防止食物变质，及时扔掉变质的食物。同时不能给猫咪吃含盐量高的食物，不能吃大蒜和洋葱类食物，防止误食有害食物或植物，以免引起猫咪中毒。

5.散养猫咪常见疾病

可能这就是自由的代价，疾病风险上升。

散养猫咪经常出入草丛和垃圾桶，更容易感染上寄生虫和细菌、病毒传染病。跳蚤、虱子等体外寄生虫在散养猫咪中较常见，散养猫咪也容易感染体内各类寄生虫，如绦虫、蛔虫和钩虫等。散养的猫咪难免会捕捉老鼠、鸟等小动物，因此也会容易感染鼠、鸟所携带的病原体传染病。

散养猫咪会接触附近的流浪猫，很容易在传染病高发期被传染上猫瘟、猫杯状病毒病、猫艾滋病等传染病。散养猫咪容易感染弓形虫，感染弓形虫猫咪的粪便排出弓形虫虫卵，成为人的弓形虫传染源。

散养猫咪如果在外面吃了不干净的东西，也会造成呕吐、腹泻等胃肠疾病，也会误食各种毒物，引起肝和肾的损伤。另外，散养猫咪如果没有做绝育手术很容易怀孕，同时容易患

各类生殖系统疾病和泌尿系统疾病。

为了农村猫主人的健康，接触散养猫咪时，一定要做好防护措施，防止散养猫咪携带的人兽共患病传给人。

6.散养猫咪要接种疫苗吗

养猫规范化，疫苗先三联。

散养猫咪更要接种疫苗。猫三联疫苗是预防猫瘟病毒、猫疱疹病毒、猫杯状病毒三合一组成的疫苗，狂犬病疫苗是预防犬猫狂犬病感染疫苗。接种疫苗可以保证猫咪的健康，增强猫咪的抵抗力，减少疾病的发生。

接种疫苗前，应当给猫咪进行体温、呼吸、心率检查，确保身体健康后，才可以进行疫苗接种。疫苗只能用于健康猫的预防接种。体弱、消瘦、生病等不健康的猫咪，不建议接种疫苗。此外，发情、怀孕、老龄的猫咪接种疫苗应慎重。

疫苗接种有不良反应要及时就医。极少数的猫咪接种疫苗后会发生过敏现象，如眼部肿胀、皮肤丘疹、呼吸急促等，也可能出现短暂性精神不佳、食欲下降的情形，需及时求助兽医。

一般疫苗接种后1周机体开始加速产生抗体，所以这段时间内不要洗澡，避免受风寒和进行剧烈运动，以防感冒生病影响免疫效果。

7. 散养猫咪寄生虫问题

定期驱虫，属于猫咪的仪式感。

体内外寄生虫病是散养猫咪的常见疾病。寄生虫和猫咪争夺营养，损害组织细胞，分泌毒素，影响猫咪生长发育及健康。

猫咪常见的体外寄生虫病有虱病、蚤病、蜱虫病、螨虫病。体外寄生虫感染很大程度上是由于饲养管理不善、生活环境条件差等原因造成。虱、蚤、蜱虫、螨虫主要对猫咪皮肤产生机械性刺激，叮咬皮肤引起瘙痒，进而导致搔抓皮肤，引起出血、结痂，甚至感染。体外寄生虫还会吸食猫咪血液，导致其贫血，甚至死亡，同时也可作为中间宿主，传播血液寄生虫病，如犬巴贝斯虫病等疾病。

体内寄生虫主要是肠道寄生虫，包括蛔虫、绦虫、钩虫、球虫、吸虫、贾地鞭毛虫等，导致猫咪食欲下降、精神状态差、营养不良、腹泻、便血等，钩虫和吸虫还会吸附在肠壁上，吸食猫咪血液，导致其贫血，甚至死亡。肠道寄生虫感染还可导致继发肠梗阻、肠套叠等。

猫咪血液寄生虫主要有心丝虫和巴贝斯虫。心丝虫主要寄生在猫咪心脏和肺动脉，引起肺动脉高压、肺血栓，严重时导致心力衰竭、腹水等，心丝虫幼虫（微丝蚴）会进入猫咪肺部，引起肺部感染。心丝虫也可感染人，引起肺部肉芽肿、荨麻疹等。

针对猫咪寄生虫，选用合适的驱虫药物。定期驱虫，也是养猫的重要工作。

8.猫咪需要拴养吗

需要拴养的猫咪都是有故事的"喵"。

猫咪不需要拴绳子，是由猫咪本身的习性决定的，不建议拴养原因如下。

（1）猫咪本身非常不喜欢被束缚，抱着时间长了，它也不乐意，何况是拴起来。如果担心猫咪在家里搞破坏，可以给它单独留一个空间，比如只留客厅，把家里其他的门都关上，防止它进去搞破坏。如果猫咪比较小，又很好动，出门之前要记得把桌面上的东西都收起来，防止打碎。猫咪本身是有领地意识的动物，家里都是它的领地，自然是可以随意走动的。

（2）拴养容易出现勒死猫咪的情况，多数是因为猫咪对绳子抗拒出现过度挣扎，有时则是因为被其他物体缠绕所致。同时拴猫有可能导致一些严重后果，诱发精神疾病，增加患抑郁症、躁狂症的风险，一旦患上精神疾病，极难治愈。被拴住的猫可能会奋力挣扎，或者疯狂舔毛给自己减压，有可能会破坏被毛和皮肤，导致皮肤病。

（3）猫拴养后，运动量下降，尤其是无法弹跳，会导致猫咪消化不良，引起食欲下降，产生便秘等消化系统疾病。

如果猫咪过于活泼，建议给猫咪准备大的笼子，里面放上玩具、猫窝、猫砂盆及食物，让它在笼子里待着。

9. 猫咪不抓老鼠怎么办

猫咪也想不工作，在家"摆烂"啊。

自古以来，猫咪就以抓老鼠为天职，以卖萌为副业。过去大多数主人养猫的目的也是防老鼠，但现在往往发现猫咪不会抓老鼠。

如果要培养猫咪抓老鼠的本领，首先找到猫不抓老鼠的原因，采取相应的措施。一般猫咪不抓老鼠是因为过早与母猫分离，还没有学会捕鼠技巧，或者幼猫曾经接触太大的老鼠，被吓出阴影，要让幼猫适当和老猫生活时间长些，学会捕鼠。可以喂食鼠肉，让幼猫熟悉鼠肉的气息，知道那种气味代表食物，培养它对活鼠的敌意。

猫咪不会捕捉老鼠也可能因为猫粮适口好，猫粮供给充足，导致猫咪没有捕食老鼠的动力，所以要慢慢减少喂猫粮的量，让猫咪感觉一直吃不饱，主动去觅食，当遇到老鼠，就会因饥饿而捕捉。

另外，并不是所有猫咪都抓鼠，目前饲养的猫咪，以宠物猫品种为主，这些猫咪本身捕鼠能力就很差。

10. 猫咪为啥老打狗

猫咪：为什么不能打那只傻狗？

狗猫是不同的物种，它们的生活习性以及同样的肢体语言所表达的意义都存在着差别。猫咪是独居动物，而狗是群居动物，所以在生活中，我们经常会看到自己家的狗跑过去招惹猫咪，猫咪转身就走或者伸手就打的画面。像猫一类的独居动物精神比较敏感，当有不同物种的动物接近时，会产生威胁感和恐惧感，出于自卫去打狗。

猫老打狗还可能是因为猫咪和狗是与生俱来的不合，猫咪不喜欢狗，觉得狗太脏，害怕狗会来舔舐自己，弄脏自己，所以打它。

11. 如何预防猫咪异食症

万物都有其特殊味道，浅尝即可。

猫咪异食症是指猫咪喜欢吞食或者舔食非正常猫咪的食物，或对一些不可食用的物品十分感兴趣。猫异食症的危害主要表现为舔舐锐利的异物，会损伤口腔；食入异物可造成食管、胃、肠内梗阻或者穿孔；舔食被毛，在胃内形成不易消化和排泄的毛团；吃了其他动物的排泄物，容易感染传播疾病。异食症猫咪易惊恐，对外界刺激反应迟钝，皮肤粗糙、无光泽，弓腰，磨齿，贫血，便秘和下痢交替出现，渐进性消瘦，严重者全身衰竭死亡。

预防猫咪异食症，主要采取如下措施。

（1）预防猫咪异食症要创造良好、舒适、愉悦的生活环境，尽量减少猫咪应激反应。调整饮食营养结构，挑选质量好、软硬适中、适口性好、易消化的天然猫粮。适量补充微量元素、矿物质及多种维生素，生活中多花些时间陪伴猫咪、关心猫咪。

要养成定时、定量喂食的好习惯，可增进猫咪食欲，帮助其消化。适当提供鸡肉、牛肉、猪肉、鸭肉等动物蛋白食物，部分猫咪可食用蔬菜。寄生虫可导致猫咪代谢功能紊乱出现异食症状，一定要定期驱虫。

（2）每当猫咪有异食行为，舔食异物时，应立即惩罚呵斥，如发现舔食异物，再次惩罚，使猫咪意识到这种行为带来的后果，进而逐渐戒除坏习惯。也可用安抚和零食给予表扬和奖励，让好习惯得以巩固。

对于电线、木头等固定物品，可涂上猫咪敏感的气味物（如除臭剂、香水等），猫咪会因厌恶这种气味而不去靠近。

12 猫咪攻击人很危险

"喵"的地盘"喵"做主，闲杂人等一律退后。

目前养猫人数逐渐增加，虽然攻击人的猫咪比较少，但仍要注意。

（1）从小进行训练 当猫咪咬或者抓主人时，主人要惊叫一声，迅速把手拿走，并且离开，让猫咪能够理解，这个行为会弄疼主人，主人会结束和它的游戏。

（2）给足够的猫玩具 猫咪为了释放能量，很可能把主人的手指当成玩具玩。这个时候，主人要准备足够的猫咪玩具，比如逗猫棒、猫抓板等。

（3）陪猫咪玩足够的时间 在猫咪需要主人的时候，陪它玩10分钟左右的游戏，可以拿着逗猫棒陪它满屋子打转，消耗它的体力。毕竟一只过于疲累的猫咪，是没有攻击性的。

（4）考虑绝育 未经绝育的猫咪更具有领地意识，虽然绝育不能完全杜绝攻击性，但做过绝育手术的猫咪更能适应人类的社交和家庭生活。

（5）了解攻击原因 猫咪通常不会攻击人，如果猫咪突然抓、咬人，可能是它不舒服、很痛，或者主人的动作过于粗鲁，弄伤了它。一直关在家里，没有给予足够的玩具或关心时，猫咪会烦躁不安，出现攻击行为。猫咪攻击人有很多原因，主人要针对具体原因，采取相应的预防措施。如果是疾病导致的，应及时就医。

13. 猫咪会认家吗

猫咪会记得有意义的事情，比如家、主人和食物。

猫咪有认识家的能力，但没有狗狗认家能力强。

猫咪有很强大的嗅觉，它们能靠嗅觉闻出回家的路。猫咪是一种通过气味来判断亲和性的动物，有熟悉的气味是亲人，不熟悉的气味是陌生人。

对于农村住的平房，散养猫咪会很准时归家，因为猫咪经常在附近活动，能认出回家的路，每天即使出去玩儿很久，夜晚肯定会回家，但如果住楼房，猫咪不容易识别，现在的楼层构造都很相似，不常出门的猫咪可能会搞错家在哪里。最好在家门口和楼门口摆上猫咪用过的猫碗，并放上猫粮，或者拿出有猫咪气味的东西，如猫窝，这样能帮助它找到家。

14. 流浪猫寿命及如何自助领养

每收养一只流浪猫，世界上就少了一分苦难。

流浪猫原本可能有一个温暖的家，可能因为生病或者不受欢迎而被抛弃，或发情、游玩等不想回家。流浪猫有着悲惨的命运，四处漂泊，过着居无定所、食不果腹的生活，还有可能被捕杀或虐待。流浪猫的平均寿命只有 3~4 年，即使有人投喂，平均也才 5 年左右。

流浪猫寿命短的原因很多，比如生病得不到及时治疗，在外面遇到突发情况无处可藏，遇到下雨天找不到躲避的地方，更容易遇到车祸等突发的危险情况，没有机会接种疫苗，容易感染各类传染病和寄生虫，生病得不到及时治疗，饮食没有规律，营养不良等。

为了提高流浪猫的生活质量，提倡领养流浪猫，给它们一个温暖的家。自助领养的渠道很多，线上领养，微信搜索各种领养平台；线下动物救助站领养，填写申请表，等待工作人员审核，就能领养到猫咪。

为了流浪猫有更好的归宿，领养人应具备以下条件。

（1）要有一定的经济基础　饲养猫咪需要一定的花费。

（2）家庭一致同意领养　如果家里有人不同意养猫咪，领养后，家庭争吵不断，对猫咪也不好，最终可能会弃养猫咪。

（3）有稳定且安全的住所　养猫一定要关好门窗、有固定的住所，以利于猫咪身体和心理健康。

15. 如何给受伤流浪猫提供帮助

感谢那些一直在路上救助的人。

流浪猫过着独居的生活，在外面经受风吹雨淋，受伤是在所难免的。遇到受伤的流浪猫，并且想要救助时，应该怎么办？当流浪猫受伤之后，通常会对人充满警惕性，不愿意让人接近，可以用零食进行引诱，如果流浪猫不愿意过来，可以放零食在笼子或者猫包里，等它进去就马上关门。

针对流浪猫常见外伤的应急处理方法。

（1）撞伤　遇到被车撞伤，躺在地下不能动的流浪猫时，需要一个能够完全容纳猫咪的纸箱子，用一块布或者毛巾轻轻盖在它身上，将它放进箱子里，及时送医就诊。

（2）轻伤　可以用过氧化氢把伤口周围消毒，再用碘伏处理，操作时给猫咪戴上头套，避免猫咪挣扎伤害到救助人。

（3）伤口包扎　需要定时换药，可以给猫咪口服抗菌药物，防止感染。

（4）加强营养　受伤的流浪猫身体都很虚弱，需要给流浪猫定时喂食食物，补充营养，如猫粮罐头、肉类、营养膏等。

受伤的流浪猫本身就很虚弱，如果有条件，在进行救助后，可以考虑是否领养流浪猫。另外，救助流浪猫一定要保证救助人自身的安全。

萌宠团队之 异宠 健康攻略

主编 赵洪进 龚国华

上海市动物疫病预防控制中心专家倾情撰写

上海科技教育出版社

萌宠团队之
异宠
健康攻略

主编 赵洪进 龚国华

上海科技教育出版社

目 录

"鹦鹉博士"饲养与健康

1. 宠物鹦鹉种类

宠物鹦鹉的品种很多，常见的有虎皮鹦鹉、亚历山大鹦鹉、小太阳鹦鹉、玄凤鹦鹉、吸蜜鹦鹉、牡丹鹦鹉、葵花凤头鹦鹉等，但其中大部分鹦鹉属国家保护动物，是不允许私人饲养的。

（1）虎皮鹦鹉　虎皮鹦鹉是日常生活中最常见的一种鹦鹉品种，在鹦鹉中属于小型类。虎皮鹦鹉以植物种子为主要食物，性情非常活泼，并且驯养起来十分容易。

（2）亚历山大鹦鹉　它的尾巴在亚洲鹦鹉品种中是比较长的，分为几种亚种，并且各种亚种的身长有所不同。该种鹦鹉在亚洲有广泛的分布范围，适应能力强，有着较强的学习能力。它的性格温和，脾气小，经过驯养后，还可学会各种技能，是一种比较受欢迎的品种。

（3）小太阳鹦鹉　小太阳鹦鹉很会与人互动，从小就很黏人。在主人的耐心训练下，它可以学习很多技能，比如持币、飞手、装死等。因此，小太阳鹦鹉受到很多人的喜爱。

（4）玄凤鹦鹉　玄凤鹦鹉又叫做鸡尾鹦鹉，在我国主要分布于沿海地区，是中型类鹦鹉的代表品种。玄凤鹦鹉的繁殖能力非常强，因此其数量非常多。处于幼鸟期的玄凤鹦鹉非常有活力，并且认主人，熟悉之后非常黏主人，玄凤鹦鹉的养殖方法也很简单。

（5）吸蜜鹦鹉　吸蜜鹦鹉多为人工饲养繁

殖，由于人工繁殖的吸蜜鹦鹉乖巧活泼、颜色缤纷、互动性好、亲人黏人、模仿能力强、羽粉少，又爱洗澡，深受人们喜爱。

（6）牡丹鹦鹉　牡丹鹦鹉因其痴情而得名，又被称为爱情鸟。同伴间都很亲密，一般住在一起。牡丹鹦鹉和其他鹦鹉一样，如果能得到足够的关心和重视，也十分亲人。它是最小的鹦鹉种类。牡丹鹦鹉多数为绿色羽毛，人工繁殖后出现多种颜色。

（7）葵花凤头鹦鹉　葵花凤头鹦鹉主要为白色羽毛，头顶有黄色冠羽，愤怒时头冠呈扇状竖立，就像一朵盛开的葵花。葵花凤头鹦鹉的食物包括种子、壳类、浆果、坚果、水果、嫩芽、花朵和昆虫等。它的语言能力一般。葵花凤头鹦鹉的喙力量强大，故需要饲养在金属笼子中。和其他凤头鹦鹉一样，作为宠物饲养时，需要主人有大量时间陪伴。

总之，鹦鹉非常活泼可爱，外形漂亮，会学人说话，是人们最喜欢饲养的宠物之一，在饲养前要看是否属于国家保护动物，是否可以合法饲养。

目前，国内可以合法饲养的鹦鹉品种有：虎皮鹦鹉、桃脸牡丹鹦鹉、玄凤鹦鹉（鸡尾鹦鹉）3 种。其他品种鹦鹉尚属于国家重点保护野生动物，如果要饲养，需要向有关单位申请。

2. 宠物鹦鹉饲养要点

（1）喂鹦鹉食物要注意　一般来说，人吃的瓜子，含有一些添加剂，会严重损伤鹦鹉的肝肾。不能给鹦鹉喂食发霉的食物、鸟粮。如果食物在长时间储存之后变质、发潮，鹦鹉食用后会因黄曲霉素中毒而死亡。

（2）不能打鹦鹉　如果鹦鹉做错了

事，主人打它，鹦鹉的性格就会变得很自闭，教鹦鹉说话反而会比较困难。

（3）不能在鹦鹉的脚上缠绳子　在鹦鹉脚上缠绳子，时间久了就会勒进去，造成很深的伤口，引起伤口处化脓，或局部坏死，严重的可能要做截肢手术。

（4）室内的温度要恒定　室内温度不要太高，也不能太低。如果温度低于零下十几摄氏度，鹦鹉就会被冷死。如果温度高于30℃，也会造成鹦鹉中暑。夏季不要把鹦鹉带到室外，或者挂在阳台上面直晒太阳，那样鹦鹉很容易被晒死。

3. 虎皮鹦鹉饲养特色

（1）笼具要求　虎皮鹦鹉因羽毛鲜艳、娇小好动、繁殖能力强、易于在笼内驯养。虎皮鹦鹉强壮有力，喜欢啃咬木质，故不能用竹笼而要用金属笼饲养。笼的大小一般为长40厘米、宽35厘米、高35厘米，笼底可设抽屉式的沙盘（托粪板），以便清理粪便。笼中要放置食盘、水盘，还需要栖杠、吊环供鹦鹉玩耍。

（2）卫生要求　平时应注意笼内卫生，食盘、水盘应每天刷洗1~2次。每日要清理1次粪便，以保证笼内清洁，避免细菌感染。

（3）注意防晒　夏季不要把笼子放在强光下，以防太阳直晒虎皮鹦鹉。室内温度超过30℃时要加强通风。虎皮鹦鹉虽不太怕冷，但温度过低会影响其繁殖，所以冬季室内温度不要低于0℃。

（4）食物要求　虎皮鹦鹉喜欢吃带壳的饲料，饲料以谷子和稗子为主，同时要喂些麻籽或苏子。为了保证虎皮鹦鹉所需的营养，还需要喂一些蔬菜（青菜、白菜、油菜）和矿物质（骨粉、牡蛎粉）。虎皮鹦鹉可以喂一些粗饲料，不宜过多喂食精饲料，以免造成脂肪堆积。

4. 虎皮鹦鹉常见疾病

虎皮鹦鹉常见的疾病有：呼吸系统疾病、消化系统疾病和寄生虫病等。

（1）呼吸系统疾病　常见的是感冒，其症状是流鼻涕。虎皮鹦鹉感冒后，应立即移至室内饲养，并给以保温，很快它就会自愈。也可在饮水中滴几滴葡萄糖水或维生素制剂，帮助其恢复健康。

（2）消化系统疾病　如果吃了不干净的饲料或饮水不卫生，会引起虎皮鹦鹉腹泻，一般排白色浆状稀便，下腹部羽毛沾污。虎皮鹦鹉患此病后，主食饲料只喂稗子，并转至暖和的地方饲养，要一鸟一笼隔离，防止传染。

（3）寄生虫病　虎皮鹦鹉容易感染羽虱，必须注意防治。虎皮鹦鹉还易受血吸虫的危害，巢箱往往是产生血吸虫的大本营。需要定期投喂抗组织滴虫药和抗球虫药。

"兔小姐"饲养与健康

1. 宠物兔种类

宠物兔品种很多，常见的有法国垂耳兔、英国安哥拉兔、荷兰兔、侏儒兔、喜马拉雅兔、西施兔等。

（1）法国垂耳兔 法国垂耳兔性格很好，毛发长，耳朵耷拉，看起来憨厚可爱的模样。法国垂耳兔是英国垂耳兔与法国巨兔交配所生，体重可达4.5千克以上，属于大型垂耳兔的一种。它的毛发有多种颜色，如黑色、蓝色、巧克力色、浅紫色、白毛蓝眼、白毛红眼、乳白色等。

法国垂耳兔喜欢安静，胆子很小。只要周围发出突然的响声，就可能受到惊吓，而导致食欲减退、精神不振。睡觉时，只要周围有动静，它们就会立即清醒。因此，饲养法国垂耳兔的首要条件是为其准备一个安静、优雅、舒适的生活环境。法国垂耳兔白天喜欢在笼中休息或睡眠，一到夜间就异常活跃，且采食频繁，因此，必须坚持饲喂夜草。它们喜欢干燥、耐寒怕热，在日常饲养管理方面，主人需注意其生活环境的干燥、清洁，做到定期清洁消毒。

（2）英国安哥拉兔 英国安哥拉兔全身被毛均长达10厘米以上，长长的被毛可以将它们的眼睛、鼻子、四肢等部位全部遮掩住。除了面部的一小部分外，全身长满浓密丝绸般的长毛，需要主人经常打理。英国安哥拉兔眼睛圆而大，体态圆碌碌的，性格温顺可爱。体形大是英国安哥拉兔的特点，成年雄兔体重2.3~3.2千克，雌兔体重可达2.2~2.4千克，躯体短小，肩部及胸腔厚实，耳尖部位长有毛发，面颊的毛也很长。英国安哥拉兔有吃毛发的习惯，所以需适量喂食化毛膏。

（3）荷兰兔　荷兰兔原产地为荷兰。它们体形娇小，耳朵比较短，属于娇小可爱型萌宠。它们的鼻子四周、脖子及前脚部位呈白色，其他部位为黑色、蓝色、巧克力色、灰色、黄色及铜铁色等。它们性情温顺，小巧可爱，又胆小警觉。在饲养过程中，可将其安置于安静、舒适的环境中，给予它们更多的安全感。荷兰兔怕水，所以一般不要给它们洗澡。荷兰兔寿命一般为8~10年。

（4）侏儒兔　侏儒兔主要是荷兰侏儒兔，是宠物兔中体形娇小的品种。侏儒兔的外形特点为"头大身子小"，体形矮胖，可爱的小脑袋像一个圆润的小苹果，面圆鼻扁，耳朵相对短小，一般体重在1.2千克以下，拥有黑色、白色、巧克力色、蓝色等纯色的毛发，全身为短毛。侏儒兔喜欢甜食，食量较小，早晚各喂食1次即可。侏儒兔精力旺盛，如主人有时间，可多陪伴它们玩耍。

（5）喜马拉雅兔　喜马拉雅兔是现存最古老的兔子品种之一，性格沉静且极富耐心，为最受欢迎的宠物兔之一。喜马拉雅兔体形较长，头部窄长，眼睛多为红色，鼻子上有一深色标记。它们的身体末端如尾巴、耳朵及脚部会有深色斑纹呈现，身体其余部位毛色为白色。

（6）西施兔　西施兔是我国繁育出的宠物兔品种，外观娇小可爱，被毛较长，全身毛发飘逸，眼睛为黑色。有一些西施兔的耳朵是直立的，有一些是垂下来的。西施兔的体重一般为2.0~2.2千克，脸型较为扁平，嘴型也较平。西施兔不仅不会乱叫，还爱干净，很适合在室内饲养。西施兔食物选择比较单一，比较容易饲养，喜欢吃植物性饲料，日常饲养方法是干草加洁净的水。刚断奶的幼兔必须养在温暖、清洁、干燥的环境中，以笼养为佳。西施兔属长毛种，故应多注意日常毛发的清洁工作。

2. 宠物兔饲养要点

（1）宠物兔食物　兔子的食物主要是干兔粮和干牧草，干兔粮营养较均衡，而牧草可以补充大量的粗纤维和微量元素。除此之外，日常还可以补充一些蔬菜、水果和零食。喂食兔粮时，一般会按照兔子的实际年龄来选择幼兔粮或者成兔粮，同时要根据其身体情况补充辅食。1~5岁宠物兔为成年期，这个阶段可以喂食成兔粮，再加牧草。4岁以后，需要注意饲料中钙的含量，钙含量过高，很容易引起结石。5岁以上属于老年期，这个阶段继续喂食成兔粮，需要保证足量的饮水。

（2）笼具的选择　兔子生长很快，一开始就要选择能够容纳成年兔子大小的笼子，可以直接选择塑料底板、四周有加高隔板的防喷尿笼子，这样能避免尿液喷射到笼子外面。笼子里还需要放置便盆，下面放置木屑压制成的木粒，起到吸水的作用。兔子所用的饲料碗一般选用沉重的陶瓷碗，或者可以用螺丝固定住笼子上的塑料碗。饮水器具使用可固定在笼子上的悬挂式饮水瓶。

（3）笼具放置位置　兔子对温度变化敏感，笼子摆放环境应尽量避免温差过大，以通风良好、昼夜温差较小、没有阳光直射为最佳。尽量不要将笼子放在窗户附近，窗户附近往往温差过大，也不要直接放在空调出

风口下面，造成室内温度过冷或过热。由于兔子不耐湿热，因此浴室、厨房这样的地方也不适宜作为饲养场地。饲养环境要求安静，避开人员出入频繁的门口。

3. 宠物兔护理

（1）兔毛的梳理　宠物兔一般以长毛兔为主，梳理毛发可以增加其美观并维护健康。兔子虽然会自己整理毛发，但是如果不及时梳理，很可能会因为吞入被毛而引发毛球症。特别是春、秋换毛季节，宠物兔会大量脱毛。梳毛每周进行1次即可，可使用宠物犬使用的针梳，一般从背部开始，将针梳放平，顺着毛发生长方向进行梳理。

（2）眼睛的护理　可以先用温热的毛巾擦拭眼角周围的眼屎，擦拭干净以后，用洗净的手指轻轻拨开兔子眼睛，往里滴入适量的消炎滴眼液，建议使用兔子专用滴眼液。如果兔子的分泌物比较多，每天擦完又有大量分泌物产生，可能是兔子的眼睛发生病变，需要找执业兽医进行检查。

（3）耳朵的清理　若不定期进行清洁，兔耳容易产生耳螨，特别是一些垂耳兔由于耳朵的遮蔽更易产生耳螨。清理耳道时，可以使用兔子专用的洁耳液，将洁耳液倒在棉签上，先把兔子耳朵翻开，轻轻擦拭其耳朵内侧污垢，然后在耳道里滴入适量洁耳液，按住耳朵1分钟左右，防止液体流出。

（4）趾甲的修剪　兔子趾甲长了会影响日常活动。一般宠物兔多是笼养，趾甲无法自然磨损，需要人工进行修剪。兔子胆子很小，主人要尽量学着自己给兔子剪趾甲，因为兔子见到陌生人时，可能会高度紧张。在修剪趾甲前，还需要预备止血粉，以防不慎剪破血管，及时用止血粉按压止血。修剪后，使用指甲锉刀进行打磨。

（5）帮助磨牙　兔子由于不断长牙，天生喜欢咬东西，它会啃咬家里的物品、电线、各种电器，易引起严重后果。所以平时一定要把兔子关在笼子内，不能让其出来自由活动。同时，给宠物兔准备磨牙石，让其磨牙。

4. 宠物兔常见疾病

（1）兔瘟　兔瘟又称兔病毒性出血症，是由兔瘟病毒感染引起的一种急性传染病，具有危害大、死亡率高、传染途径多样且易感染等特性。3月龄以上的兔子发病率和死亡率最高，兔瘟一年四季均可发生，春季至初夏是该病流行季节。兔瘟目前尚无特效药物治疗，主要通过接种兔瘟疫苗进行预防。一般推荐40~45日龄和60~70日龄的兔子二次接种兔瘟疫苗。

（2）兔巴氏杆菌病　兔巴氏杆菌病是由多杀性巴氏杆菌引起的急性败血性传染病。防治主要采取药物预防和治疗，常用药物主要有青霉素类、广谱抗生素类等。该病也可通过接种兔巴氏杆菌疫苗进行预防，市场上有商品化兔巴氏杆菌灭活菌苗。

（3）兔毛球症　兔子经常因梳理毛发和舔舐自己的身体而吞入兔毛，或者因为维生素和微量元素摄入不足造成异食症而吞食兔毛，从而引起胃肠道毛发积聚。

（4）兔尿石症　如果观察到兔子出现血尿、排尿困难、食欲不振等症状，预示着可能出现尿结石。严重时，还可能观察到兔子因疼痛缩在笼子里不愿多动。尿石症的发生，很有可能是由于饮水不足和钙质摄入过多造成的，这个时候要检查饮水和日粮。

（5）兔耳螨　兔子如果出现经常摇头及甩耳朵、抓耳朵、耳朵周围脱毛、耳朵下垂，分泌物增加、有臭味的症状，很有可能感染了耳螨。耳螨属于寄生虫，有传染性，首先，需要使用洁耳液对兔子的耳朵进行清理，然后，用杀耳螨药物滴入治疗，最后，对其笼子、食具及室内环境进行消毒。

（6）兔皮肤病　如果观察到兔子皮肤呈鲜红色、不正常的大量脱毛或局部区域脱毛、有白色皮屑产生，表明兔子有可能是患了皮肤病。兔子常见皮肤病主要由疥螨、痒螨及真菌引起。兔痒螨主要侵害耳部，起初耳根红肿，随后蔓延至外耳道，并引起外耳道炎，渗出物干燥成黄色痂皮。兔疥螨一般先在头部和掌部无毛或毛较短的部位引起病变，后蔓延到其他部位，引起痒感。治疗螨虫可以局部使用伊维菌素喷剂。

（7）兔球虫病　兔球虫病是宠物兔常见寄生虫病，容易反复感染发病，要加强饲养管理，做好兔笼的消毒清洁，防止饲料和饮水中带有球虫。可以定期给兔子预防性喂食具有杀灭球虫作用的药物，这样可以有效地从源头上防止兔子感染。

（8）兔感冒　兔感冒是兔子常见病，主要由气温突然大幅下降而引起。兔子生活的环境潮湿、不通风，也容易造成兔感冒。应保持室内清洁卫生。气温变化时，要注意关闭门窗保温。若遇有大风降温的天气，要注意保持室内温度均衡，防止室温忽高忽低；同时加强饲养管理，提高兔子的抵抗力。

"蛇美人"饲养与健康

1. 宠物蛇种类

宠物蛇一般都是经过人工驯养的无毒蛇,性情温和,对人的攻击性很小。蛇可以说是最干净的宠物之一,起居饮食的要求简单,既不会脱毛,也不会吵闹,只要定时喂食和做好保暖工作即可。蛇的寿命较长,最长寿命超过20年。常见的宠物蛇有以下几种。

(1)加州王蛇 加州王蛇可以适应多种栖息环境。它们除了捕食蛇类,亦会捕食鸟类、蜥蜴及老鼠等。其通常会以缠绕的方式使猎物窒息、死亡。加州王蛇的繁殖方式为卵生,每年的3~6月是其交配的时间,雌蛇每次可产4~20枚椭圆形卵。加州王蛇经人工驯化,是无毒蛇,饲养简单,是一种入门级的宠物蛇,分为正常型、白化型、粉红型、黑色型等颜色品种。

(2)翠青蛇 翠青蛇以体色翠绿而得名,为无毒蛇。翠青蛇头呈椭圆形,略尖,头部鳞片大。另外,翠青蛇尾细长,眼大。由于翠青蛇对环境和湿度要求极高,同时食谱范围很狭窄,所以比较难饲养。翠青蛇性格极其温顺,通常不会主动攻击,但会通过用力蠕动和排便进行自身防卫。翠青蛇夜伏昼出,平时行动缓慢,但遇到惊吓时会迅速躲避逃跑。主要捕食蚯蚓及昆虫,在摄食后其活跃程度会大幅降低,需要一个安静的环境。蜕皮期通常为每年的6月左右。

(3)球蟒 球蟒原产于非洲的热带森林。据说这种蛇在古埃及是饲养在皇宫内用来捕捉老鼠的,所以又称国王蟒、宫廷蟒。球蟒脾性温和,花纹美丽,体形适中,是极受欢迎的宠物蛇。球蟒喜欢微弱光线的环境,在黎明和黄昏时分，它们会变得活跃。当它们感到紧张的时候，会把自己的身体蜷缩成一个很紧的球，并把头稳固地藏在中间。球蟒也是一种温顺的蛇类，主要以小型哺乳类动物为食。球蟒对环境温度要求较高，喜暖怕冷，25~30℃为最佳生长温度。

（4）玉米蛇　玉米蛇是目前饲养最多的三大宠物蛇之一，大部分都有1个以上的隐性基因，这使得它们拥有高度易变的颜色和花纹，这是它们最为吸引人的地方。玉米蛇容易饲养，对饲养的环境要求不太高。玉米蛇以鸟类或小型哺乳动物为食，通常寿命为12~15年，生活环境的温度以21~32℃、湿度以75%~80%为宜。

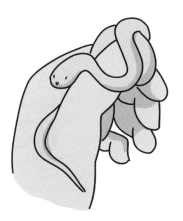

（5）奶蛇　奶蛇是很热门的宠物蛇，颜色特别艳丽、漂亮，特别是红色部分环纹，很亮眼。绝大多数的奶蛇都是由红黄白黑作为基本体色，这4种颜色就能组成非常美丽的外表，特别吸引人。奶蛇无毒，是世界上饲养最多的三大宠物蛇之一。它们属于王蛇科的蛇类，该科有一个共同的特点，就是遇到危险会通过喷酸水来自我防护。但有的神经质个体，会直接开口攻击人，当它们慢慢地熟悉了主人的气味后，就不会再攻击人。

2. 宠物蛇饲养要点

宠物蛇无需每天或者频繁地喂食，它们吃过一顿之后，需要很长一段时间去消化，等到这些食物消化后再进行下一次进食。

饲养宠物蛇，首先，为其制定健康营养的食谱，按照宠物蛇的品种、大小、饮食习惯等准备适口性好、能刺激食欲的食物。其次，每次给宠物蛇喂食的食物不能太大，体积小一点的食物可以增进其捕食的信心，而且有助于消化。最后，为了让宠物蛇更好地饮食，主人可以把食物和蛇放进一个空间小的盒子里，这样它们很容易发现和捕捉猎物。如果家庭饲养多条宠物蛇，喂食时，主人最好将宠物蛇分开，以免一些体形小而胆小的宠物蛇无法捕捉到食物，或者由于紧张害怕拒绝饮食。

在家饲养宠物蛇时，可喂食青蛙、老鼠、小鸡等作为主食，搭配牛奶、鹌鹑蛋等食物。为了使其能更好地进食，还需喂食小型活体动物，每周喂食 1 次即可。饲养期间，需将笼舍放到干燥、通风的环境下，并安装长明灯代替阳光，促进食物消化。宠物蛇属肉食动物，在饲养时，建议尽量选用来源安全可靠的活体食物，如饲养条件有限，也可以喂食冰冻食材，此类食材需经过解冻，擦干水分后再喂给宠物蛇。宠物蛇食物要满足相关卫生要求，保证新鲜安全。

3. 宠物蛇常见疾病

（1）霉斑病　在梅雨季节里，蛇窝潮湿易引起蛇发病，病蛇腹部鳞片表现为点状黑色斑点。治疗不及时，宠物蛇可因局部溃烂而死亡。治疗可用 2% 碘酊在霉斑部位每天涂擦 2 次，1 周即可痊愈。

（2）口腔炎　由于致病细菌侵袭宠物蛇的颈部，引起口腔炎。病蛇会因不能张口闭合，不能吞吃食物和饮水，最后饿死。可用生理盐水冲洗病蛇口腔，再用龙胆紫溶液擦洗，直至消炎消肿。

（3）急性肺炎　产卵后的母蛇因身体虚弱，加上气温过高，易得急性肺炎。病蛇会出现呼吸困难、盘游不安，最后因呼吸衰竭而死亡。

（4）厌食　由于不适应新环境、投喂食物方法不当或食物适口性不好等原因，宠物蛇易发生厌食。预防宠物蛇厌食，要求投喂的食物新鲜、多样化。

（5）体内寄生虫　主要有线虫、鞭节舌虫、蛔虫和绦虫等。预防应注意饲料卫生，定期驱除宠物蛇体内寄生虫。

（6）体外寄生虫　主要是蜱虫、螨虫，多在宠物蛇体外寄生，吸附在其身上，有很强的传播性，预防要注意环境卫生，定期用药驱虫。

"龟丞相"饲养与健康

1. 宠物龟种类

（1）草龟　草龟属于龟鳖目的龟科乌龟属，它们主要分布在山涧溪流、湖泊、水库等水位较浅的水域。草龟是两栖动物，可以在水中和陆地上生活，但是它们的水性并不是特别好，若是水位太高，很有可能会溺亡。草龟的龟壳为长椭圆形，甲壳上有明显的3条棱线。它们的头部比较小，身体扁平，较为光滑，是一种不容易生病的乌龟，深受人们喜欢。饲养需要注意换水，给草龟补充营养，这样可以让草龟多活很多年。

（2）巴西龟　巴西龟是一种非常特别的龟类，它们最大的特征就是长长的颈部，其颈部长度比其他龟类要长得多，这使它们能够吃到更多的食物，比如较高的植物上的昆虫。此外，巴西龟的壳很特别，呈现不同的色彩和斑纹，十分漂亮。饲养巴西龟需要注意每天早晚清洁水盆，使用温水浸泡，以帮助其保持身体清洁。每2周给巴西龟1次游泳的机会，可以在室内或室外游泳池中进行。巴西龟是一种很好的宠物，性格很活泼，又很容易驯服，能吃很多东西。巴西龟是一种长寿的动物，寿命可长达50年以上。

（3）缅甸陆龟　缅甸陆龟是一种适合在家里饲养的小乌龟，杂食性，不容易生病。只需要喂食一些蔬菜，可偶尔喂食一些动物性食物。这种乌龟唯一的缺点是怕冷，所以家里的温度不能太低。

（4）黄头侧颈龟　黄头侧颈龟是一种宠物龟，生活在水中，也被称为呆萌龟。它喜欢吃一些素食，每天喂食一些蔬菜即可，比较好养活。

（5）锦龟　锦龟是小型的淡水龟类，背甲十分美丽，会和主人互动。头部呈深橄榄色，侧面有数条淡黄色纵条纹，并延伸至颈部。四肢深绿色，有淡黄色条纹，尾短。锦龟是杂食性动物，在它们的栖息地里，各种动植物，不论死活，都会成为它们的盘中餐，如蜗牛、昆虫、小龙虾、蝌蚪、小鱼、腐肉、水藻和水生植物等。年幼的锦龟可以食肉，但随着年龄的增长，逐渐偏向于吃植物性食物。

（6）地图龟　地图龟有着奇特的外表，其身上长满像地图一样密密麻麻的线条，看起来就像一幅活地图，因而得名。地图龟属于比较容易饲养的品种，但它们对水质比较敏感。饲养时最好配备一套水循环系统，以保持水质的清洁。地图龟适宜的水温为26~28℃，大部分时间喜欢待在水里，需要放置一些供晒背用的石块或者晒台。地图龟属于杂食性动物，幼时偏肉食，喂食的食物可以选择小虾、泥鳅、龟粮等。

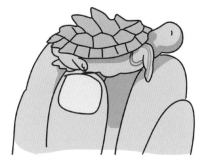

（7）金钱龟　金钱龟学名为三线闭壳龟，又称红边龟、金头龟、红肚龟，在分类学上隶属于爬行纲龟鳖目龟科。在我国，主要分布于广东、广西、福建、海南、香港、澳门等地；在国外，主要分布于亚热带国家和地区。金钱龟喜欢选择阴凉的地方栖息，有群居的习性。金钱龟属于杂食性，在自然界中主要捕食水中的螺、鱼、虾、蝌蚪等水生动物，同时食幼鼠、幼蛙、金龟子、蜗牛及蝇蛆，有时也吃南瓜、香蕉及植物嫩茎叶等。

（8）火焰龟　火焰龟是水栖类的乌龟，主要分布在北美地区，它们的腹甲大多数是黄色的，有的会带一点红色。背甲红色和棕色相间，图案和大小都不固定。火焰龟食性较杂，幼年时期喜欢吃一些动物性饲料，随着年龄的增长，食性会逐渐偏向素食。它们的适应能力比较强，即使水温在0℃，也不会冻死。火焰龟是十大宠物龟之一，适合养殖在玻璃缸中，具有很高的观赏价值，很多家庭喜欢饲养。

2. 宠物龟饲养要点

（1）选择一个合适的乌龟饲养容器 到了冬天，如果乌龟还未冬眠，陶瓷容器温度低，乌龟有可能会冻死。如果是饲养大乌龟，最好用大的水缸。如果是小容器，要经常给乌龟换水，保持水质干净，尤其是夏季，每天换一次水。

（2）选择质量好的龟粮 乌龟喜欢吃有腥味的食物，最好用鱼、昆虫、虾等制作的龟粮。平时可以喂新鲜的肉类和虾类，将生的肉或虾切碎，喂给乌龟吃，不要喂食煮熟的肉和虾。

（3）适当晒太阳 平时天气好的时候，可以让乌龟晒晒太阳，尤其是巴西龟，要求每天能晒2小时太阳。可以将饲养容器搬到太阳底下，喜欢晒太阳的乌龟会主动爬到其他乌龟背上，以便晒到更多的阳光。

（4）冬眠护理 冬季来临时，乌龟会冬眠，放些沙子在饲养容器中，乌龟会钻进去冬眠。注意沙子不能全干，偶尔要洒上一些水，避免乌龟在沙堆里干涸而死。对于有水族箱的家庭，可以用灯光给乌龟取暖。

3. 宠物龟常见疾病

（1）白眼病　白眼病是由于宠物龟眼部受伤或水质污染，感染细菌所致。患病龟眼充血、肿大，眼球外表被白色分泌物盖住，行动迟缓，不愿摄食，严重时眼睛失明，最后因废食消瘦而死。此病多发于秋季、冬季和冬眠初醒后。绿毛龟发病率较高。平时应加强管理，补充营养，增强抗病能力。

（2）腐甲病　腐甲病是细菌感染所致。龟背甲一块或数块腐烂发黑，腹甲亦有腐烂，特别是春季、冬季越冬期间或越冬后期易发生此病。预防此病可服用维生素 E 制剂，加强营养，提高抵抗力。

（3）穿孔病　穿孔病是由多种病原体感染引起。患病龟初期在背甲、腹甲、四肢等处出现小疥疮，并逐渐增大，病灶四周发炎充血，严重时肌肉糜烂。此病一般发生于春季、秋季，温室养龟在冬季也会发生此病。防治可定期用 2.5% 食盐水将龟体浸洗 20 分钟，起到消炎杀菌作用。

（4）冬眠死亡症　在越冬以前，没有加喂脂肪和蛋白质等丰富的动物性饲料，导致龟体内储存的营养物质不能满足冬眠的消耗，或龟冬眠期水温过低引起发病。患病龟瘦弱，四肢疲弱无力，头缩入壳内，眼下凹，背部暗黑色，没有光泽。为预防此病，可在秋季越冬前，加喂动物肝脏，饲料中添加一定量的鱼油，同时采取防寒保温措施，越冬池水温度保持在 10℃ 左右为宜。

"鼠来宝"饲养与健康

1. 宠物仓鼠种类

仓鼠是一种流行的小型宠物，比较适合孩子和学生饲养。因为饲养仓鼠需要的空间不大，费用较低。仓鼠喜欢安静，不需要主人太多陪伴。目前宠物仓鼠主要有银狐仓鼠、金狐仓鼠、布丁仓鼠、奶茶仓鼠、黑腹仓鼠、加卡利亚仓鼠、黄金仓鼠、坎氏毛足鼠、罗伯罗夫斯基仓鼠、短尾仓鼠等。

（1）银狐仓鼠　银狐仓鼠是非常受欢迎的小型宠物，性格活泼好动，个性温顺、亲人、聪明。银狐仓鼠领地意识很强，需单独隔离饲养，不然会经常打架。体形比较胖的银狐仓鼠，温度高时，很容易中暑，还容易得湿尾症，需要仔细照顾，加以预防。

（2）金狐仓鼠　金狐仓鼠眼睛为黑色、皮毛雪白，极品金狐仓鼠浑身为纯白色，仅在背脊一线为金黄色，此线越宽越黄，品相越好。另外，极品金狐的耳朵应为白毛，耳部和臀部都有金黄色的绒毛。

金狐仓鼠属于杂食性的动物，一般不挑食，有把食物储存在腮内的习性，在无人的时候会把储存起来的食物吐出来慢慢品尝消化。

（3）布丁仓鼠　布丁仓鼠毛色很纯，有一对乌溜溜的大眼睛，模样可爱。饲养优点是不占空间，个性温驯。布丁仓鼠是仓鼠品种中最胆小的，受到攻击时，只会疯狂大叫，并不会主动回击。布丁仓鼠有点神经质，最不爱运动，吃得多，又爱睡觉。

（4）奶茶仓鼠　奶茶仓鼠适合新手饲养，这种仓鼠的性格温顺，脾气好，很少会咬人。饲养奶茶仓鼠要准备好专用粮、木屑、跑轮、磨牙石等，以及瓜子、花生等零食，同时注意保证奶茶仓鼠生活环境的卫生、干燥。奶茶仓鼠的毛色为浅灰色，就像珍珠奶茶色，整体色泽比较均匀，背线为稍深的灰色线，不是很明显，也有部分奶茶仓鼠不显背线。

（5）黑腹仓鼠　顾名思义，这种仓鼠腹部的毛是黑色的。黑腹仓鼠是目前为止体形最大的仓鼠种类，体形堪比豚鼠。

（6）加卡利亚仓鼠　加卡利亚仓鼠即黑线毛足鼠，仓鼠中的小型种类。尾和四肢均短小，体背毛灰棕色，背中央有一条明显的棕黑色纵纹。体侧毛色有明显分界，呈波状。四足的掌、趾部均覆有白毛，掌垫隐而不见。以植物为食，春季挖食草根，夏季啃食植物的叶茎，冬季则以植物种子和贮藏的种子为食物，夏、秋季也捕食些昆虫作为食物。

（7）黄金仓鼠　黄金仓鼠又称叙利亚仓鼠、金丝鼠、金丝熊。毛色是金黄色的，毛发上端是亮红棕色，背部中央的颜色会较深，耳朵下方可以见到有黑色条纹。胸部外侧毛发为黑色，胸部的中央有白色细长的条纹，腹部是灰色或者白色、乳白色。

（8）短尾仓鼠　短尾仓鼠又称埃氏仓鼠、短耳仓鼠。短尾仓鼠体形短而粗壮，四肢短小，耳形圆，尾短，体背黄褐色带灰，背毛灰黑色。具有夜行性的特点，大多在黄昏后开始活动，直到拂晓为止，以植物性食物为主，也吃动物性食物。

2.宠物仓鼠饲养要点

（1）温度环境要求　仓鼠体内无散热平衡系统，阳光暴晒下，会在短时间内死亡。仓鼠饲养适宜温度为20~28℃，饲养过程中应避免环境温度骤变，以防仓鼠患病。仓鼠是夜行动物，喜欢白天睡觉、晚上运动，尽量避免改变其生活规律，从而影响它的寿命。为保证仓鼠居住环境舒适，仓鼠笼内可铺些木屑，既可以防凉驱热，又可以将尿液粪便遮掩。仓鼠喜欢在固定的地方进行排泄，木屑一般每周换1次，以保持其清洁干净，有效避免疾病的发生。仓鼠长时间不运动，会造成四肢退化，因此笼内应装有跑轮等基本运动工具。仓鼠是独居动物，领地意识很强，成年仓鼠尽量做到分笼饲养，否则会出现互斗现象，造成伤害。

（2）饲料食物要求　选择专门的仓鼠粮食，这类粮食多由谷类组成，如大麦、小麦、荞麦、瓜子等加工而成，也可以自制杂粮作为仓鼠的主食。为保证仓鼠营养均衡，主食之外需要给其搭配零食，如水果、蔬菜、面包虫等。水果尽量喂食脆硬的，如苹果。类似香蕉等软的水果，尽量少喂，因为它可能把软食囤积到颊囊处，排出时会很吃力。如果长时间堆积到颊囊处，会引起炎症。喂食仓鼠时，也可以适当添加一些酸奶、熟肉等，但尽量不要给其喂食含盐的食物。

3. 宠物仓鼠常见疾病

因为仓鼠胆小，所以日常休息时，尽可能不要惊扰它，创造一个安静的环境。保证仓鼠合理的膳食结构，保持生活环境的清洁和干燥，以及正常生活起居的习惯，是养好宠物仓鼠、预防各类疾病的根本措施。

（1）红眼病　主要是其居住环境不卫生，或者浴沙进入眼睛造成的。另外，鼠笼潮湿、互相打斗引起的真菌等滋生蔓延也是重要的发病原因。防治措施有分笼单养，勤换木屑、常洗鼠笼，保持环境干燥、通风。

（2）皮肤病　致病原因有体外寄生虫、细菌或真菌感染，皮肤过敏、外伤等引起发病。预防措施是保持环境清洁、卫生。

（3）腹泻、排软便　不良饮食、气温变化异常和环境不良会引起发病。防治措施是尽量少喂食瓜果、蔬菜，保持食物的干净、卫生。

蜜袋鼯饲养与健康

1. 宠物蜜袋鼯种类

蜜袋鼯是袋鼯科袋鼯属哺乳动物。蜜袋鼯身披毛茸茸的蓝灰色外衣，耳朵薄而尖，眼睛大而圆，体态轻盈娇小，肚子呈奶油色，背部贯穿一条与众不同的黑斑。蜜袋鼯是大眼萌宠，可爱的外表造型能吸引很多爱宠人士，使其成为新型宠物。

（1）普色蜜袋鼯 普色蜜袋鼯通常是灰色的，背面有黑色条纹，下腹部通常是白色的。它们的色彩引人注目，是许多人的最爱。

（2）白色蜜袋鼯 白色蜜袋鼯有白色皮毛和黑色眼睛。它们有非常清晰或半透明的耳朵。所有体表的色素细胞都不发育，不能产生色素，所以全身是白色的。

（3）铂金蜜袋鼯 铂金蜜袋鼯有浅银色的身体被毛，背部有轻微的条纹和标记。幼蜜必须至少有1个铂等位基因，才能显示出铂金蜜袋鼯表型。

（4）马赛克蜜袋鼯 马赛克蜜袋鼯有很多图案，在它们的身体上显示不同量的白色色素，图案和颜色是随机的。

（5）奶油蜜袋鼯 奶油蜜袋鼯有奶油色或红奶油色的皮毛，棕色到红色的背部条纹和标记，以及深红宝石眼睛。这种颜色不会显性表现，是一种隐性基因控制的。

（6）白化蜜袋鼯 白化蜜袋鼯缺乏色素沉着。它有白色的皮毛和红色的眼睛。

（7）拼图蜜袋鼯 拼图蜜袋鼯很像马赛克蜜袋鼯，它们的身体上有不寻常的皮毛补丁。这些斑块通常为马赛克蜜袋鼯上的经典着色，与蜜袋鼯的马赛克着色形成鲜明对比，斑块呈大小不一。

2. 宠物蜜袋鼯饲养要点

刚买回家时，蜜袋鼯对环境很陌生，警惕心很强，直接接触容易让蜜袋鼯受到惊吓而猝死。蜜袋鼯跟主人熟悉是个长期的过程，需通过换食、换水、互动的过程逐渐熟悉、慢慢上手。饲养中注意以下事项。

（1）笼子要求 选择较高的笼子。因为蜜袋鼯属于树栖性动物，需要攀爬，对高度有比较高的要求，一般1米左右高度能满足蜜袋鼯的需要。蜜袋鼯的窝要建在笼子的中上层，最好有2~3个棉布类材质的睡袋。笼子里最好不要用圆孔状开口的窝，容易使蜜袋鼯排斥主人。

（2）温度要求 蜜袋鼯属于哺乳动物，是恒温动物，需要适宜的温度。温度过低，蜜袋鼯就会死亡，最佳温度是20~30℃，过冬时，在笼子顶端安装一个保温灯即可。

（3）专用的饲粮 蜜袋鼯属于杂食性动物，有时吃虫子，有时吃花蜜，食性比较复杂。人工养殖时，专用蜜粮一般能满足蜜袋鼯的营养需要，也可喂食一些昆虫类饲料。

（4）护理要求 蜜袋鼯洗澡若直接接触水，很有可能让蜜袋鼯受凉，出现拉稀、拒食，甚至死亡的现象。可以买一包浴沙，把蜜袋鼯放在浴沙上，当其闻到浴沙的特殊气息时，会自动清理身体。蜜袋鼯是一种喜欢群居的动物，如果只养1只，恐怕养活的概率不高。最好是一次养2只，让它们有个伴。

3. 宠物蜜袋鼯常见疾病

在蜜袋鼯日常饲养中，需每天留意它的状态，如发现它有任何不适及异常情况，需及时询问执业兽医，做到早发现、早治疗。

（1）眼病　蜜袋鼯容易患有先天性遗传性白内障，瞳孔呈现白色或浑浊状。在野外环境中的蜜袋鼯经常在树间滑行，而它们的眼睛较为凸出，很容易在其行动过程中，因擦撞导致角膜损伤。

（2）牙结石和牙周病　人工饲养的蜜袋鼯拥有多样性的饮食习惯，容易产生牙结石及患牙周病。必要时可请执业兽医为其进行口腔清洁等，以保持蜜袋鼯口腔及牙齿的健康。

（3）肠炎和脱肛　小型哺乳动物较容易因感染导致细菌性、寄生虫性、病毒性肠炎，严重时表现为下痢、脱肛。为防止脱出的肠管发炎坏死，需尽快进行治疗。

（4）肌肉无力　蜜袋鼯可能因缺钙，缺乏维生素 A、维生素 E、维生素 D 等，而发生肌肉无力，甚至痉挛、麻痹等症状。

（5）肿瘤　蜜袋鼯较容易得淋巴系统肿瘤。这类肿瘤可能破坏脾、肝、肾等器官，致死率高。

（6）皮肤病　蜜袋鼯的皮肤健康不仅需要日常营养支持，还离不开洁净的生活环境。当蜜袋鼯的饲养条件发生改变时，如饲养环境不洁、营养不良、感染等，可能导致其皮肤发炎、发红等问题。

世界奇奇怪怪，萌宠可可爱爱，选一只萌宠陪你健康成长吧！